电力员工安全教育培训教材

防火与防爆

程丽平　席红芳　编

U0300141

中国电力出版社
CHINA ELECTRIC POWER PRESS

内容提要

　　本书是《电力员工安全教育培训教材》之一，针对电力基层员工量身定做，内容紧密结合安全工作实际，用读者喜闻乐见的语言、生动形象的卡通人物、结合现场的工作实例，巧妙地将安全与日常工作结合在一起。追求"不是我要你安全，而是你自己想安全"的效果。主要内容包括：防火防爆的概念、消防器材及消防系统、电气系统的灭火规则及防火防爆措施、热力设备灭火规则及防火防爆措施、特殊部位和作业灭火规则及防火防爆措施等。

　　本书是开展安全教育培训、增强员工安全意识、切实提高安全技能的首选教材，也可供电力基层班组安全员、安全监督人员及其他相关人员学习参考。

图书在版编目（CIP）数据

　　防火与防爆/程丽平，席红芳编. —北京：中国电力出版社，2015.5（2017.6重印）

　　（电力员工安全教育培训教材）

　　ISBN 978-7-5123-7561-1

　　Ⅰ.①防… Ⅱ.①程…②席… Ⅲ.①电力工业-工业企业-防火-安全培训-教材②电力工业-工业企业-防爆-安全培训-教材 Ⅳ.①TM08

　　中国版本图书馆 CIP 数据核字（2015）第 072868 号

中国电力出版社出版、发行

（北京市东城区北京站西街 19 号　100005　http://www.cepp.sgcc.com.cn）

北京瑞禾彩色印刷有限公司印刷

各地新华书店经售

*

2015 年 5 月第一版　2017 年 6 月北京第二次印刷

850 毫米×1168 毫米　32 开本　5.625 印张　130 千字

印数 3001—5000 册　定价 **29.00** 元

《电力员工安全教育培训教材》
编 委 会

《《 丛书前言

安全生产是电力企业永恒的主题和一切工作的基础、前提和保障。电力生产的客观规律和电力在国民经济中的特殊地位决定了电力企业必须坚持"安全第一，预防为主，综合治理"的方针，以确保安全生产。如果电力企业不能保持安全生产，不仅影响企业自身的经济效益和企业的发展，而且影响国民经济的正常发展和人民群众的正常生活用电。

当前，由于受安全管理发展不平衡、人员安全技术素质参差不齐等因素影响，电力企业安全工作还存在薄弱环节，人身伤亡事故和人员责任事故仍未杜绝。究其原因，主要是对安全规程在保证安全生产中的重要性认识不足，对安全规程条款理解不深，对新工艺、新技术掌握不够。因此，在强化安全基础管理的同时，持续对员工进行安全教育培训，提高员工的安全意识和安全技能，始终是安全工作中一项长期而重要的内容。为了提高基层员工在新形势下安全规定的执行水平，提高安全意识，消除基层安全工作中的薄弱环节，我们组织编写了本套教材。

本套教材内容紧密结合基层工作实际，用生动形象的卡通人物、结合现场的事故案例，巧妙地将安全教育与日常工作结合在一起，并给出操作办法和规程，教会员工执行安全规定。希望通过本套教材的学习，广大员工能了解安全生产基本知识，熟悉安全规程制度，掌握安全作业要求及措施。认识到"不是我要你安全，而是你自己想安全"。

明白"谁安全，谁生存；谁安全，谁发展；谁安全，谁幸福"！

本套教材是一套结合电力生产特点、符合电力生产实际、适应时代电力技术与管理需求的安全培训教材。主要作者不仅有较为深厚的专业技术理论功底，而且均来自电力生产一线，有较为丰富的现场实际工作经验。

本套教材的出版，如能对电力企业安全教育培训工作有所帮助，我们将感到十分欣慰。由于编写时间仓促，编者水平和经验所限，疏漏之处恳请读者朋友批评指正。

编　者

《《编者的话

随着经济的增长，电力需求也越来越大，电网建设速度突飞猛进，电源结构调整不断优化，技术装备水平大幅提升，实现了跨越式发展，这对电力企业的安全生产提出了更高的要求。为此，对电力员工的安全教育显得越发重要。为了进一步提高电力员工的安全素质，帮助电力员工提高防火防爆意识，掌握相关知识技能，我们编写了本书。本书参考了电力企业相关的安全培训资料，结合电力生产工作实际，从安全措施入手，详细介绍了防火防爆基本知识、消防器材及消防系统、电气系统的灭火规则及防火防爆措施等，内容丰富，通俗易懂，能满足电力员工安全教育培训的需求。

全书共分五章，由大唐太原第二热电厂程丽平担任主编、国网山西省电力公司临汾供电公司席红芳担任副主编，参加编写的还有任映瑾等。本书插图由贺培善、张亮、廖晓凯等绘制。因时间仓促，编者水平有限，疏漏之处在所难免，还请广大读者批评指正。

编　者

目 录

第一章

防火防爆基本知识

第一节　防火防爆的概念

一、消防工作的概念和意义

"消防"一词最早来源于日本，是预防火灾和扑救火灾的简称，是人类在同火灾作斗争的过程中，逐步形成和发展起来的一项专司防火和灭火、具有社会安全保障性质的工作。

消防工作直接关系到人民生命和财产的安全

消防工作是国民经济和社会发展的重要组成部分，直接关系到人民生命和财产的安全，是构建和谐社会的基本要求。因此全社会都必须高度重视并认真做好消防工作，每个人都应学

习并掌握基本的消防安全知识，共同维护公共消防安全。

二、消防工作的方针

根据《中华人民共和国消防法》规定，我国消防工作应贯彻"预防为主、防消结合"的方针，按照政府统一领导、部门依法监管、单位全面负责、公民积极参与的原则，实行消防安全责任制，建立健全社会化的消防工作网络。

预防为主：就是要把火灾预防放在首位，积极贯彻落实各项防火措施，力求防止火灾的发生。事实证明，只要人们具有较强的消防安全意识，自觉遵守、执行消防法律、法规以及国家消防技术标准，遵守安全操作规程，绝大多数火灾是可以预防的。

防消结合：就是要把预防火灾和扑救火灾结合起来，做好扑救火灾的各项准备工作，一旦发生火灾，能够及时发现，有效扑救，最大限度地减少人员伤亡和财产损失。

三、消防工作的原则

消防工作，要坚持专门机关与群众相结合的原则。这一原则是消防工作的基本属性决定的，是多年来我国消防工作经验的总结和升华。消防工作涉及各行各业、关系千家万户，是全民的一项重要工作。因此要做好消防工作，不仅需要专门的消防组织（公安消防机构），也需要广大人民群众的共同参与。

四、消防工作的任务

消防工作的主要任务是预防火灾和减少火灾危害，加强应急救援工作，保护人身、财产安全，维护公共安全。具体有以下几项内容：

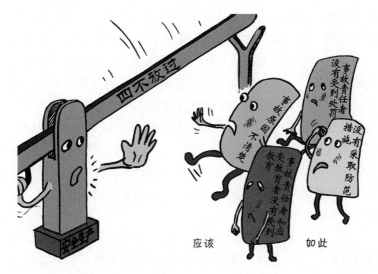

（1）控制、消除发生火灾、爆炸的一切不安全条件和因素；

（2）限制、消除火灾、爆炸蔓延、扩大的条件和因素；

（3）保证有足够的安全口和通道，以便人员逃生和物资疏散；

（4）彻底查清火灾、爆炸原因，做到"四不放过"，即事故原因不查清不放过、责任人员未处理不放过、整改措施未落实不放过、有关人员未受到教育不放过。

为确保消防工作的有效开展，我们应做好以下工作：

（1）制定并落实消防安全管理措施。消防安全管理措施包括建立各种制度，如用火用电制度、消防安全检查制度、值班制度等，还应包括消除火灾隐患的措施，如增加投入，按照国家标准建设消防设施，配置消防器材等。

（2）建立本单位实施消防安全责任制的考核、奖惩制度。针对本单位建立的消防安全责任制落实情况，制定相应的考核奖惩制度，其制度要结合本单位的防火工作特点，针对性强，内容详实，便于操作，不能流于形式。在考核制度中，本单位可通过多种形式来考核其责任制的落实情况，如口试、笔试或实际操作等。考核对象为负有消防工作责任的各级人员，包括单位的消防安全责任人、消防安全管理人、专、兼职消防管理人员以及各岗位负责人。考核的结果应与晋级、增资等挂钩。奖惩制度是对考核制度的进一步要求，即对经考核被评为优秀或成绩突出的个人、集体，给予精神或物质奖励，对违反规章的个人和集体给予行政处分或经济处罚等惩罚措施的制度，此制度应认真贯彻。

（3）定期进行消防技术训练，专、兼职消防管理人员经考试合格后，方可上岗。随着我国经济的快速发展，在日常生产生活中，由于用火用电和使用可燃物装修等情况日渐普遍，随之而来的火灾隐患也不断增多，这就需要各单位领导对此高度重视，认真组织抓好对本单位员工灭火技术能力的培养，达到自防自救的目的。实践中不少火灾是由于火灾初发阶段，在场的工作人员不懂得如何扑救和如何逃生，从而延误了扑救火灾的有利时机，造成不必要的人员伤亡和财产损失。

灭火技术训练的形式可以是多种多样的，如怎样使用灭火器，如何报火警，如何逃生等，这都是灭火技术训练中的基本内容。定期进行灭火训练中所说的"定期"可视情况而定，但要注重效果。消防安全重点单位，至少半年对员工训练一次，一般单位至少每年对员工训练一次。

消防安全管理工作是一项要求很高的工作，作为一名专、兼职消防管理人员不仅要有丰富的消防工作经验，而且应做到能够发现并消除火灾隐患；能够了解掌握一定的消防法规和技术规范；能够对单位员工进行消防培训等。因此，专、兼职消防管理人员必须要经过消防安全培训，通过公安消防机构统一考试，考试合格后，才能从事消防安全工作。可以说专、兼职消防管理人员是电力单位在消防安全管理方面自我管理、自我约束的重要力量。

（4）内部进行经常性的防火安全检查，及时制止、纠正违法、违章行为，发现有违法、违章行为应依据本单位的内部管理规定进行处理，及时消除火灾隐患，对暂时难以消除火灾隐患的，应当采取有效措施，确保不发生火灾。

第二节　燃　　烧

一、什么是燃烧

燃烧，是指某些可燃物质在较高温度时，与空气中的氧气或氧化剂在一定的温度下进行剧烈的化合，同时产生光和热的一种化学反应。

二、发生燃烧的必要条件

（1）要有可燃物质。如固体、液体、气体物质（木材、纸张、汽油、酒精、柴油、乙炔、液化气以及含碳类物质和有机化合物等），可燃物是物质燃烧的基础，没有可燃物，燃烧就失去了基础。

（2）要有助燃物质。如氧（空气）、氧化剂等。助燃物直接参与了燃烧反应，在燃烧的区域内，助燃物的含量越高，燃烧越猛烈。

（3）要有引火源。引火源分直接火源与间接火源。

1）直接火源。常见的有明火、雷击、变压器等电气设备产生的电火花、静电火花等。

2）间接火源。高温自然起火以及燃烧物本身自然起火等。

三、影响着火燃烧的因素

具备了燃烧的必要条件，并不意味着燃烧必然发生。发生燃烧还应有"量"方面的要求，这就是发生燃烧或持续燃烧的充分条件。可见，"三要素"彼此要达到一定的量变才能发生质变。燃烧发生的充分条件是：

1. 有一定的可燃物浓度

可燃气体或蒸气只有达到一定浓度，才会发生燃烧。例如在常温下用火柴等明火接触煤油，煤油并不立即燃烧，这是因为在常温下煤油表面挥发的煤油蒸气量不多，没有达到燃烧所需的浓度，虽有足够的空气和火源接触，也不能发生燃烧。

2. 有一定的氧气（空气）或氧化剂含量

各种可燃物发生燃烧，均有本身固定的最低氧含量要求。低于这一浓度，虽然燃烧的其他条件全部具备，但燃烧仍然不能发生。如将点燃的蜡烛用玻璃罩罩起来，不使周围空气进入，这样经过较短的时间，蜡烛火焰就会熄灭。因此，可燃物发生燃烧需要有一个最低氧含量要求，低于这一浓度，燃烧就不会发生。

3. 有一定的点火能量

不管何种形式的引火源，都必须达到一定的强度才能引起燃烧反应。所需引火源的强度，取决于可燃物质的最小点火能量即引燃温度，低于这一能量，燃烧便不会发生。不同可燃物质燃烧所需的引燃温度各不相同。

燃烧不仅需要具备必要的条件，而且还必须使燃烧条件相互结合、相互作用，燃烧才会发生或持续。否则，燃烧不能发生。例如办公室里有桌、椅、门、窗帘等可燃物，有充足的空气，有火源（电源），存在燃烧的基本要素，可并没有发生燃烧现象，这就是因为这些条件没有相互结合、相互作用的缘故。

四、闪燃、阴燃、爆燃、自燃的概念

（1）闪燃：可燃物表面或可燃液体上方在很短时间内重复出现火焰一闪即灭的现象。闪燃往往是持续燃烧的先兆。

（2）阴燃：没有火焰和可见光的燃烧。

（3）爆燃：伴随爆炸的燃烧波，以亚音速传播。

（4）自燃：是指可燃物在空气中没有外来火源的作用，靠自热或外热而发生燃烧的现象，根据热源的不同，物质自燃分为自热自燃和受热自燃两种。

五、闪点、燃点、自燃点的定义

（1）闪点：在规定条件下，材料或制品加热到释放出的气体瞬间着火并出现火焰的最低温度。闪点是衡量物质火灾危险的重要参数。

（2）燃点：在规定的条件下，可燃物质产生自燃的最低温度。燃点对可燃固体和闪点较高的液体具有重要意义，在控制燃烧时，需将可燃物的温度降至其燃点以下。

（3）自燃点：在规定条件下，不用任何辅助引燃能源而达到引燃的最低温度。

第三节 火 灾

一、什么是火灾

火灾是指在时间或空间上失去控制的燃烧所造成的灾害。在各种灾害中，火灾是最经常、最普遍地威胁公众安全和社会发展的主要灾害之一。

二、火灾的分类

根据可燃物的类型和燃烧特性，火灾可分为 A、B、C、D、E、F 六类。

A 类火灾：指固体物质火灾。这种物质通常具有有机物质性质，一般在燃烧时能产生灼热的余烬。如木材、煤、棉、毛、麻、纸张等火灾。

B 类火灾：指液体或可熔化的固体物质火灾。如煤油、柴油、原油、甲醇、乙醇、沥青、石蜡等火灾。

C 类火灾：指气体火灾。如煤气、天然气、甲烷、乙烷、丙烷、氢气等火灾。

D 类火灾：指金属火灾。如钾、钠、镁、铝镁合金等火灾。

E 类火灾：带电火灾。物体带电燃烧的火灾。

F 类火灾：烹饪器具内的烹饪物（如动植物油脂）火灾。

三、灭火器的选择

扑救 A 类火灾可选择水型灭火器、泡沫灭火器、磷酸铵盐干粉灭火器、卤代烷灭火器。

扑救 B 类火灾可选择泡沫灭火器（化学泡沫灭火器只限于扑灭非极性溶剂）、干粉灭火器、卤代烷灭火器、二氧化碳灭火器。

扑救 C 类火灾可选择干粉灭火器、卤代烷灭火器、二氧化碳灭火器等。

扑救 D 类火灾可选择粉状石墨灭火器、专用干粉灭火器，也可用干砂或铸铁屑末代替。

扑救 E 类带电火灾可选择干粉灭火器、卤代烷灭火器、二氧化碳灭火器等。带电火灾包括家用电器、电子元件、电气设备（计算机、复印机、打印机、传真机、发电机、电动机、变压器等）以及电线电缆等燃烧时仍带电的火灾，而顶挂、壁挂的日常照明灯具及起火后可自行切断电源的设备所发生的火灾则不应列入带电火灾范围。

扑救 F 类火灾可选择干粉灭火器。

四、火灾的事故分级

根据《生产安全事故报告和调查处理条例》，按照一次火灾事故所造成的人员伤亡、受灾户数和直接财产损失，火灾事故等级划分为特别重大火灾事故、重大火灾事故、较大火灾事故和一般火灾事故四个等级。

（1）特别重大火灾事故，指造成30人以上死亡，或者100人以上重伤，或者1亿元以上直接财产损失的火灾。

（2）重大火灾事故，指造成10人以上30人以下死亡，或者50人以上100人以下重伤，或者5000万元以上1亿元以下直接财产损失的火灾。

（3）较大火灾事故，指造成3人以上10人以下死亡，或者10人以上50人以下重伤，或者1000万元以上5000万元以下直接财产损失的火灾。

（4）一般火灾事故，指造成3人以下死亡，或者10人以下重伤，或者1000万元以下直接财产损失的火灾。

五、正确报警

任何人发现火灾时，都应该立即报警。任何单位、个人都应当无偿为报警提供便利，不得阻拦报警。严禁谎报火警。所以一旦失火，要立即报警，报警越早，损失越小。报警时要牢记以下七点：

（1）要牢记火警电话"119"，消防队救火不收费。

（2）接通电话后要沉着冷静，向接警中心讲清失火单位的名称、地址、什么东西着火、火势大小以及着火的范围。同时还要注意听清对方提出的问题，以便正确回答。

（3）把自己的电话号码和姓名告诉对方，以便联系。

（4）打完电话后，要立即到交叉路口等候消防车的到来，

以便引导消防车迅速赶到火灾现场。

（5）迅速组织人员疏通消防车道，清除障碍物，使消防车到火场后能立即进入最佳位置灭火救援。

（6）如果着火地区发生了新的变化，要及时报告消防队，使他们能及时改变灭火战术，取得最佳效果。

（7）在没有电话或没有消防队的地方，如农村和边远地区，可采用敲锣、吹哨、喊话等方式向四周报警，动员乡邻来灭火。

第四节　防火的基本方法

引发火灾的三个条件是：可燃物、氧化剂和引火源同时存在，相互作用。如果我们采取措施，避免或消除上述条件之一，防止燃烧条件的产生，不使燃烧的三个条件相互结合并发生作

11

用，以及采取限制、削弱燃烧条件发展的办法，阻止火势蔓延，就可以防止火灾事故的发生。

一、防火的基本原理

一个体系若发生燃烧必须满足燃烧的条件，即可燃物、助燃物和引火源三要素的互相直接作用。对于一个未燃体系来说，防火的基本原理是研究如何防止燃烧条件的产生。对于一个已燃体系来说，防火的基本原理是如何削弱燃烧条件的发展，即怎样阻止火势蔓延。

根据物质燃烧的原理和灭火的实践经验，防止火灾的基本方法是控制可燃物、隔绝空气、消除引火源、阻止火势的蔓延。

二、防火的基本方法

下面从控制可燃物、隔绝助燃物、消除引火源，阻止火势蔓延四个方面简述防火的基本方法。

（一）控制可燃物

1. 控制可燃物常见方法

利用爆炸浓度极限、比重等特性控制气态可燃物，使其不形成爆炸性混合气体。常见的方法有：

（1）当容器装有可燃气体或蒸气时，根据生产工艺要求，可增加可燃气体浓度或用可燃气体置换容器中的原有空气，使容器中可燃气体浓度高于爆炸浓度上限。

（2）散发可燃气体或蒸气的车间、仓库或密闭空间，应加强通风换气，防止形成爆炸性混合气体，其通风排气口应根据气体比重小或大而设在密闭空间的上部或下部。

（3）在泄漏大量可燃气体或蒸气的场所要在泄漏点周围设立禁火警戒区。同时用机械排风或喷雾水枪驱散可燃气体或蒸气。若撤销禁火警戒区须用可燃气体测爆仪检测该场所可燃气体浓度是否处于爆炸浓度极限之外。在使用明火作业之前必须采用便携式可燃气体测爆仪测定可燃气体-空气混合物达到爆炸浓度下限的百分数，从而确定被测场所是否有爆炸危险。

（4）盛装可燃性液体的容器在需要焊接动火检修时，一般须排空液体、清洗容器。用可燃气体测爆仪测容器中蒸气浓度是否达到爆炸浓度下限，在确定无爆炸危险时才能动火进行检修。

2. 控制液态可燃物

利用闪点、燃点、爆炸浓度极限等特性控制液态可燃物。常见方法如下：

（1）根据生产和生活的需要，用不燃液体或燃点较高的液体代替闪点较低的液体。例如用四氯化碳代替汽油作溶剂，可消除着火的危险性。

（2）通过降低可燃液体的温度，降低可燃液体液面上可燃蒸气的浓度，使蒸气浓度低于爆炸浓度下限，亦即使液体的温度低于该液体的爆炸温度下限或闪点。

（3）利用不燃液体稀释可燃性液体，会使混合液体的闪点、燃点和爆炸温度下限上升，因而减少火灾爆炸的危险性。例如用水稀释乙醇等便会起到这一作用。

（4）对于在正常条件下有聚合放热自燃危险的液体，在贮存过程中应加入阻聚剂，防止该物质暴聚而发生火灾或爆炸事故。

3. 控制固态可燃物

利用燃点、自燃点等数据控制一般的固态可燃物。常见方法如下：

（1）选用砖石等不燃材料代替木材等可燃材料作为建筑材料，可以提高建筑物的耐火等级。

（2）选用燃点或自燃点较高的可燃材料或难燃材料代替易燃材料，从而减少火灾危险性。例如采用防火布、阻燃布、隔离电火花和切割火花起到阻燃防火作用。

（3）用防火涂料刷木材、纸张、纤维板金属构件、混凝土构件等可燃材料或不燃材料，可以提高这些材料的燃点、自燃点或耐火极限。

4. 特殊处理某些物料

利用负压操作可以降低液体物料沸点和烘干温度，缩小可燃物料爆炸极限的特性，对易燃物料进行安全干燥、蒸馏、过滤或输送。例如：

（1）真空干燥和蒸馏在高温下易分解、聚合、结晶的硝基化合物、苯乙烯等物料，可减少火灾爆炸危险性。

（2）减压蒸馏原油，分离汽油、煤油、柴油等，可防止高温引起燃油自燃。

（3）真空过滤有爆炸危险的物料，可免除爆炸危险。

（4）对于干燥、松散、流动性好的粉状可燃物料，采用负压输送比较安全。

5. 控制易燃易爆品

对易燃易爆物品，如爆炸物品、可燃的压缩气体和液化气体、易燃液体、易燃固体、自燃物品和遇湿易燃物品，应按《化学危险品安全管理条例》的规定，进行生产、储存、经营、运输和使用。

要按化学危险品管理条例存放呀！

（二）隔绝助燃物

隔绝助燃物，就是使可燃性气体、液体、固体不与空气、氧气或其他氧化剂等助燃物接触，或将它们隔离开来，即使有着火源作用，也因为没有助燃物参与而不致发生燃烧爆炸。常通过下面途径达到这一目的。

1. 密闭设备系统

把可燃性气体、液体或粉尘放在密闭设备中贮存或操作，可以防止它们与空气接触而形成燃烧体系。为了保证设备系统的密闭性，要求做到下列几点：

（1）对有危险物料的设备和管道，尽量采用焊接接头，减少法兰连接。

（2）所采用的密封垫圈，必须符合工艺温度、压力和介质的要求。

（3）输送危险性大的气体、液体管道，最好用无缝钢管。

（4）接触粉状氧化剂的生产传动装置更要严格密封，经常清洗、定期更换润滑油，以防粉尘漏进变速箱中与润滑油混触而引起火灾。

（5）对加压和减压设备，在投入生产前和作定期检修时，应做气密性检验和耐压强度试验。对可燃气输气管进行定期检测，以防泄漏。输气过程中也可采用皂液、洗衣粉液对可能漏气的点进行检查（气密性检查）。

2. 用惰性气体保护

在有高温、高压、易燃、易爆的生产中，常采用惰性气体加以保护。所谓惰性气体是指那些化学活泼性差、没有燃爆危险的气体，如氮气、二氧化碳、水蒸气、烟道气等，其中使用较多的是氮气。它的作用是隔绝空气，冲淡氧量，缩小以致消除可燃物与助燃物形成燃爆浓度。惰性气体保护主要应用于以下几个方面：

（1）覆盖保护易燃固体的粉碎、研磨、筛分、混合及粉状物料的输送；

（2）氮封可燃性气体发生系统的料口和排气系统的尾部；

（3）充氮保护非防爆型电器、仪表；

（4）压送易燃液体及高温物料；

（5）充装保护有燃爆危险的设备和储罐；

（6）保护可燃气体混合物的处理过程；

（7）在停车检修或开工生产前，吹扫或置换设备系统内的易燃物料或空气；

（8）稀释跑漏的易燃物料，防止形成爆炸性混合物。

3. 隔绝空气储存

隔绝空气储存遇空气或受潮、受热极易自燃的物质。如金属钠储于煤油中，黄磷存于水中，二硫化碳用水封存等。

4. 隔离储运

隔离储运与酸、碱、氧化剂等助燃物混触能够燃爆的可燃物和还原剂。

（三）消除点火源

常见方法有：在有火灾爆炸危险的场所，应有醒目的"禁止烟火"标志，严禁动火吸烟。使用电焊、气焊、喷灯进行安装或维修作业时，应按作业危险等级办理动火审批手续，领取动火证，并在消除物件和环境的危险状态、备好灭火器材、确认安全无误后，方可动火。必要时，应派专职监火员监护。

1. 防止摩擦撞击起火

常见措施有：

（1）对机械轴承，要定期加油，保持良好润滑，并注意清除附着的可燃污垢。

（2）装置磁力离析器，剔除物料中的金属杂质。

（3）在有火灾爆炸危险的厂房，搅拌机和通风机的轴承应采用有色金属或硬塑料制成；通风机翼片应采用铜、铝合金或铜锡合金等不产生火花的材料制成；扳手等工具宜用青铜或镀铜的钢铁材料制形；地面应用不发火的材料制成或铺设不发火的软质材料；出入人员禁止穿带钉子的鞋。

（4）搬运盛装易燃可燃液体的金属容器时，禁止抛掷、拖拉、摔滚。如领用乙炔气瓶、严禁在地上滚动。

（5）倾倒或抽取易燃可燃液体时，为防止金属容器与金属盖磨碰产生火花，应用不发火的材料将易磨碰部位覆盖起来。

2. 防止高热表面接触易燃物着火

有切割焊渣掉的地方应预先清理可燃物、气管、可燃液体物质，防止引起燃爆。有热传导的金属物件高温作业时应采取冷却措施。

3. 防止日光照射和聚焦

常见措施有：

（1）不得用球形玻璃瓶盛装易燃液体，用其他玻璃瓶储存易燃液体时，也不得露天放置。

（2）储存受热易蒸发离析气体的易燃易爆物品（如乙炔瓶）不得露天放置，应存放在有遮阳光措施的架子内或库房内。

（3）化学易燃易爆物品仓库的门窗外部应设置遮阳板，窗户玻璃应采用毛玻璃或涂刷白漆。

（4）储存液化气体和低沸点易燃液体的贮罐应涂刷银白色漆或采取绝热措施，无绝热措施时应有冷却喷淋设施。

4. 防止化学反应放热作用引起自燃

常见措施有：

（1）使用过的油棉纱、油抹布及刚切削下来的沾油金属屑等能在空气中氧化发热自燃的物质，应放存在带盖的金属箱内，并定期清除处理。

（2）对硝化、氧化、聚合等有放热化学反应的生产过程，应设置灵敏好用的控温仪表。

5. 控制电火源

电火源包括电热和电火花两部分，它们分别来自两个方面：工作时的电器元件发热和电气设备开闭回路、断开配线、触点启闭的弧光放电和电气设备因短路、过载、漏电、接触电阻过大等。其防范的基本措施有：

（1）为防止电热引起火灾危险，电热器具的功率和电线截面必须选配得当。安装合适的熔断器和使用耐高温的绝缘材料，远离可燃建筑构件和可燃物质或中间采取隔热措施。较大的电热设备应安装温度自动控制调节器及信号报警联锁装置。采取自冷、风冷或其他控温措施，控制电动机、变压器等发热电气设备运行的最大温升极限。电热设备运行时，应当有人监护巡查，工作停止后，必须切断电源。

（2）为防止漏电引起火灾危险，导线与电缆的绝缘强度不应低于线路的额定电压。对电气设备在正常情况下不应带电的金属部分，应当采取保护接地和保护接零的措施。

（3）为防止短路和过负荷引起火灾危险，必须使导线绝缘符合线路电压及使用环境的要求，合理选用导线截面，不在线路中接入过量或功率过大的用电设备，并安装合适的熔断器和断路器（自动开关）。

（4）为防止电阻过大引起火灾危险，导线与导线，或导线与电气设备的连接必须牢固可靠，可采用焊接法和压接法连接。

（5）为防止电火花和电弧引起火灾危险，裸导线间或导体与接地体间应有足够的距离。对焊线的绝缘层，要经常检查和维护。熔断器或开关应安装在非燃烧体的基座上，并有箱盒保护。

6. 防止静电火花

防止静电火花，主要是设法消除或减少静电荷的产生和积聚，其基本方法有如下几种：

（1）抑制静电产生。选择静电不同物质的带电性能，使材质匹配能互相抵消产生的静电荷。

（2）限制物料流速。对可燃性气体一般限速不超过 4 ~ 8m/s。

（3）导体接地。将所有在加工、储存运输中易产生静电的物体，通过焊接或跨接连成一体予以接地。

（4）添加导电填料。用掺入导电性能良好的物质的方法来降低其电阻率。

（5）添加抗静电剂。抗静电剂具有较好的导电性能和较强的吸湿性能，加入易产生静电的绝缘材料中，能降低其体积电阻和表面电阻，加速静电泄漏。

（6）设置浮式液面导电网。用金属丝和棉纱织成浮于容器中的液面上，与容器壳体相连并接地，可以随时将液面静电导入大地，使液面电位降至安全电位以下。

（7）增加空气湿度。空气湿度增加到 70% 以上时，物体表面上会形成一层极薄的水膜而降低电阻率，有利于静电的泄放。

（8）使空气电离。利用静电消除器来电离空气中的氧、氮原子，使空气变成导体，消除物体表面上形成的静电荷。

（9）采用导电性地面。导走设备上和人体上的静电。

7. 防止雷击

雷击危害有直接雷击、感应雷击、雷电波浸入等多种形式。

(四) 阻止火势蔓延

阻止火势蔓延，就是防止火焰或火星作为火源窜入有燃烧爆炸危险的设备、管道或空间，或者阻止火焰在设备和管道间扩散（扩展），或者把燃烧限制在一定的范围不致向外延烧，能起这种作用的有阻火装置和阻火设施。

三、防火的基本措施

（1）预防性措施。预防性措施是防火最基本、最重要的措施。可把预防性措施分为两大类：消除导致火灾的物质条件（即点火可燃物与氧比剂的结合）及消除导致火灾的能量条件（即点火源），从而从根本上杜绝发火的可能性。

（2）限制性措施。即一旦发生火灾事故，限制其蔓延扩大及减少其损失的措施。如消除或控制燃烧的着火源，安装阻火设备，设防火墙，用难以燃烧或不燃烧的代替易燃或可燃材料，用防火涂料浸涂可燃材料，密闭有易燃、易爆物质的房间、容器和设备等。

（3）消防措施。配备必要的消防措施，在万一不慎起火时，能及时扑灭。

（4）疏散措施。预先采取必要的措施，一旦发生较大火灾时，能迅速将人员或重要物资撤到安全区，以减少损失。

第五节　初起火灾的扑救

初起火灾的扑救，通常指的是在发生火灾以后，专职消防队未能到达火场以前，对刚发生的火灾事故所采取的处理措施。扑灭初起火灾会减少火灾损失，杜绝火灾伤亡。火灾初起阶段，燃烧面积小，火势弱，如能采取正确扑救方法，就会在灾难形成之前迅速将火扑灭。据统计，以往发生的火灾中有 70% 以上是由在场人员在火灾的初起阶段扑灭的。所以，起火之后的几分钟，是能否将初起火扑灭的关键时刻。

火险初起，查明火情，立即扑灭。

一、初起火灾的扑灭原则

1."救人第一"的原则

"救人第一"是指火场上如果有人受到火势威胁，各单位消防人员、保安员及在场群众的首要任务就是把被火围困的人员抢救出来。在灭火力量较强时灭火和救人可以同时进行，人未救出之前，灭火是为了打开救人通道或减少烟火对人员的威胁，为人员脱险创造条件。比如，在起火楼层的上方有人被烟火围困下不来，这时组织力量灭火并打开疏散通道。根据火场情况，有时先救人后灭火，有时为救人先灭火，有时救人与灭火同时进行。

2."先控制，后消灭"的原则

"先控制，后消灭"是相对于不可能立即扑灭的火灾而言的。对于能一举扑灭的小火，要抓住战机迅速消灭；当火势较大，灭火力量相对较弱，不能立即扑灭时，要把主要力量放在控制火势发展或防止爆炸、要燃物泄漏等危险情况的发生上，防止火势扩大，为消灭火灾创造条件。例如，当一个房间着火时，如不能一举消灭，则应将房间的门窗关闭，以延缓火势扩大，等待消防队扑救；煤气、天然气管道或液化石油气罐、灶具漏气起火，则应立即关闭阀门或采取堵漏措施，防止火势扩大，或将受到火势威胁的罐搬开以控制火势发展，同时由消火栓出水枪以夹击的方式灭火；对于流淌的可燃液体，可用泥土、黄沙筑堤等方法，阻止其流向易燃、可燃物存放处等。

3. "先重点，后一般"的原则

"先重点，后一般"是指在扑救初起火灾时，要全面了解并认真分析火场情况，区别重点与一般，对事关全局或生命安全的物资和人员要优先抢救，之后再抢救一般物资。人和物相比保护人是重点；贵重物资和一般物资相比，保护和抢救贵重物资是重点；控制火势蔓延的方向应以控制受火势威胁最大的方向为重点；有爆炸、毒害、倒塌危险的方面与其他方面相比，应以危险的方面为主；火场上的下风方向与上风、侧风方向相比，下风方向是重点；要害部位与其他部位相比，要害部位是火场保护重点；易燃可燃物集中区域与一般固体物资区域相比，前者是保护重点。

对于电气线路、电气设备发生火灾，首先应切断电源，然后用干粉灭火剂灭火。只有当确定电路无电时，才可用水扑救。在没有采取断电措施时，千万不能用水、泡沫灭火剂灭火。对于卧具、沙发等一般可燃物起火，可直接用水或灭火器进行扑救，也可采用湿棉被等覆盖在起火物品上。室内墙上消火栓箱内装有水带卷盘的（或称消防水喉），在使用时应先将其开关打开，将水喉拉至需灭火部位，然后再打开水喷头实施扑救。

4. 快速准确，协调作战的原则

协调作战是指参加扑救火灾的所有组织、个人之间的相互协作，密切配合行动。火灾初起越迅速，越准确靠近火点及早灭火，越有利于抢在火灾蔓延扩大之前控制火势，消灭火灾。

事故案例

2010年3月16日，位于陕西省蒲城县东陈镇的陕西华电蒲城发电有限责任公司发生一起火灾事故，造成4名施工人员死亡。

原因分析：施工人员的脚手架使用了竹架板，在发生火灾时，灭火器没有按划定放置到动火四周（原煤仓内部），只是放置在了原煤仓外，当原煤仓内起火时，内部的工作人员一筹莫展，仓外的灭火器又无法实时送进，延误了灭火的最好时机。

二、初起火灾的基本扑救方法

1. 隔离法

拆除与火场相连的可燃、易燃建筑物，或用水流水帘形成防止火势蔓延的隔离带，将燃烧区与未燃烧区分隔开。在确保安全的前提下，将火场内的设备或容器内的可燃、易燃液体和气体，转移至安全地带。

2. 冷却法

使用水枪、灭火器等，将水等灭火剂喷洒到燃烧区，直接作用于燃烧物使之冷却熄灭。将冷却剂喷洒到与燃烧物相邻的其他尚未燃烧的可燃物或建筑物上进行冷却，以阻止火灾的蔓延。用水冷却建筑构件、生产装置或容器，以防止受热变形或爆炸。

3. 窒息灭火法

用湿棉被、湿麻袋、石棉毯等不燃或难燃物质覆盖在燃烧物表面。较密闭的房间发生火灾时，封堵燃烧区的所有门窗、孔洞，阻止空气等助燃物进入，待其氧气消耗尽使其自行熄灭。

灭火方法及灭火原理见表1-1。

表1-1　　　　　　　　　　灭火方法及灭火原理

灭火方法	灭火原理	具体施用方法举例
隔离法	使燃烧物和未燃烧物隔离，限定灭火范围	（1）搬迁未燃烧物； （2）拆除毗邻燃烧处的建筑物、设备等； （3）断绝燃烧气体、液体的来源； （4）放空未燃烧的气体； （5）抽走未燃烧的液体或放入事故槽； （6）堵截流散的燃烧液体等
窒息法	稀释燃烧区的氧量，隔绝新鲜空气进入燃烧区	（1）往燃烧物上喷射氮气、二氧化碳气； （2）往燃烧物上喷洒雾状水、泡沫； （3）用砂土埋燃烧物； （4）用石棉被、湿麻袋捂盖燃烧物； （5）封闭着火的建筑物和设备孔洞
冷却法	降低燃烧物的温度于燃点之下，从而停止燃烧	（1）用水喷洒冷却； （2）用砂土埋燃烧物； （3）往燃烧物上喷泡沫； （4）往燃烧物上喷二氧化碳气等

第六节　初起火灾的疏散逃生

初起火灾具有燃烧面积不大，烟气流动速度缓慢，火焰辐射热量不多，周围物品和建筑结构温度上升不快的特点，所以，在发现初起火灾立即报警和灭火的同时，应正确组织与引导人员疏散。

疏散，是指火灾发生时，使身处火场内部人员能迅速、安全的离开，免受伤害的行动。在人员集中的场所，火灾的突然降临，会使众多的火灾现场被困人员感到大难临头，惊慌失措，争相逃命，互相拥挤，结果造成大量人员伤亡。因此，在火灾发生初期，采取有效措施组织疏散被困群众、实行自防自救就成为了首要任务。

一、疏散逃生的原则

1. 制定疏散预案

在人员集中的场所发生火灾，为帮助受火势威胁的人员有秩序地脱离危险区，必须有组织地进行疏散。在平时，有关单位就应和消防主管部门进行研究，拟定抢救疏散计划，提出在火灾情况下稳定群众情绪的措施，对工作人员按不同区域提出任务和要求，规定疏散路线和疏散出口，画出疏散人员示意图

并进行演练。一旦发生火灾时，应按既定方针和预案组织疏散。人员疏散应设专人组织指挥，分组行动，互相配合。在消防人员未到达现场之前，火场上受火势威胁的人员必须服从着火单位领导和工作人员的组织指挥。

2. 启动预案

人员集中的场所一旦发生火灾，必须按照单位应急预案，有组织地将被困人员及时疏散，通信联络组、灭火行动组、疏散引导组、安全救护组、现场警戒组按照各自职责，互相配合，发挥作用，尽最大的努力帮助被困人员有序地脱离危险区域。

在人员集中场所的火灾初期阶段，人们还不知道发生火灾，若被困人员多且疏散条件差，火势发展比较慢，失火单位的领导和工作人员就应首先通知出口附近或最不利区域的人员，让他们先疏散出去，然后视情况公开通报，告诉其他人员疏散。在火势猛烈并且疏散条件较好的情况下，可同时公开通报，让全体人员疏散。在火场上怎样通报，可视具体火情而定，但必须保证迅速简便，使各种疏散通道及时得到充分利用。

3. 引导疏散

发生火灾时，由于人们急于逃离火场的心理作用，可能会蜂拥而滞于通道口，造成拥挤堵塞，甚至发生挤压。此时，疏散通道或安全出口附近的员工，要引导人员疏散，特别是单位领导、工作人员、服务人员、义务消防队员要坚守岗位、履行职能、疏散通道、打开出口，设法为被困人员指引逃生路线。消防中心收到报警信号并经确认后，在启动灭火系统、防排烟系统和应急照明的同时，应启动消防广播，按照顺序通知人员正确疏散。

疏散引导组人员在火灾发生时要沉着、镇静，要不断地通过手势、喊话或广播等方式稳定被困人员情绪，消除恐慌心理，引导被困人员采取正确的逃生方法，向安全地点疏散逃生，尽

量避免人流相向行进，防止拥堵、踩踏或跳楼。

4. 搜寻检查

火场被困人员疏散后，在条件允许时，在保证自身安全的前提下，疏散引导组要进入内部搜寻，按照分工，仔细检查房间内是否还有滞留人员，特别注意检查相对隐蔽部位有无人员被困或昏迷，如发现有遇险者，应组织人员迅速将其救出室外。

二、组织疏散的基本要求

1. 组织健全，责任明确

单位应根据法定要求，建立由单位领导负责，各相关部位、部门负责人参与的应急机构，定人定岗明确职责，做到每个可能有人滞留的部位都有人负责，每个通道都有人开启和引导。

2. 消防设施完备，运行正常

消防设施是安全迅速逃离火海的"生命通道"，任何一个环节出现问题，都会给人员疏散带来不可估量的危害，一定要落实责任制，确定专门的维护、值班人员，经常检查，定期运行，确保其运转正常。

3. 制订方案，经常演练

为了使人员疏散工作有组织、有秩序地进行，单位要结合自身的场所、功能、岗位、人员的实际，制定符合本单位实际的灭火和应急疏散预案，并要定期组织演练，掌握疏散程序和逃生技能。

三、被困人员疏散方法

1. 熟悉环境

要熟悉所处环境、熟悉单位的疏散通道、安全出口、标志、设施等，在火灾情况下能顺利离开着火建筑。

2. 冷静迅速

火灾现场会盲目跟随他人行动，导致出现通道拥堵、相互踩踏、难以顺利脱逃。因此，火灾时要保持思维和情绪的冷静和沉着，根据现场具体情况，选择正确的逃生路线和自救方法，脱离险境。

3. 借助器材

火场自救逃生除了建筑消防疏散设施和逃生器材外，还应当利用现场一切可供利用的物品，如用湿毛巾或同类物品保护口鼻，防止烟气侵害，用湿棉被、毛毯、衣服等保护头部和身体，冲出火海，将窗帘、床单、台布、被罩等撕开拧成绳索，从高处滑下等方法逃生。

4. 正确行动

在火场，任何盲目的行动都有可能造成严重的后果，所以，必须按照低姿前进，匍匐爬行，借用工具，寻机求救等正确的行动要求进行。

5. 保持清醒

在生命受到浓烟烈火威胁时刻，必须要保持高度清醒，坚定逃生自救的信念，冷静观察周围环境和火势特别是烟气蔓延发展的方向，回想自己掌握的逃生自救常识，临危不惧地确定逃生方案并大胆尝试。

6. 避难待援

首先是设法向楼下疏散，如果到达了着火层以下，则可以被认为是成功逃离火场，如果条件不允许向下疏散，可以利用建筑本身的避难层、避难间躲避火灾威胁，这是一种较为安全的方法。被困在室内时，可以采取用湿的物品堵塞所有门缝、孔洞防止烟气进入，同时不断向迎火的门、窗上浇水降温，淋湿室内可燃物品，延缓火势向房间蔓延的速度，为消防员救助赢得时间。无论在哪里等待救助，都要采取必要的方法，向外发出信号，以引起救援人员的注意，如使用电话，投掷较大的柔软物品，高声呼喊，敲击建筑构件，用电筒、火机发出信号，

摇晃衣物等。

四、疏散通道的要求

单位应保障疏散通道、安全出口畅通，并设置符合国家规员的消防安全疏散指示标志和应急照明设施，保持防火门、消防安全疏散指示标志、应急照明等设施处于正常状态。严禁下列行为：

（1）占用疏散通道；

（2）在安全出口或者疏散通道上安装栅栏等影响疏散的障碍物；

（3）在营业、生产、教学工作等期间将安全出口上锁、遮挡或者将消防安全疏散指示标志遮挡、覆盖；

（4）其他影响安全疏散的行为。

五、逃生方法

1. 尽量利用建筑物内的设施逃生

（1）利用建筑物内已有的设施进行逃生，是争取逃生时间，提高逃生率的重要办法。

（2）利用消防电梯进行疏散逃生，但着火时普通电梯千万不能乘坐。

（3）利用室内的防烟楼梯、普通楼梯、封闭楼梯进行逃生。

（4）利用建筑物的阳台、通廊、安全绳、下水管道等进行逃生。

2. 不同部位、不同条件下人员的逃生方法

（1）当某一楼层某一部位起火，且火势已经开始发展时，应注意听通知以及安全疏散的路线、方法等。不要一听有火警就惊慌失措盲目行动。

（2）当房间内起火，且门已被火封锁，室内人员不能顺利疏散时，可另寻其他通道。

（3）如果是晚上听到报警，首先应该用手背去接触房门，试一试房门是否已变热。如果是热的，门不能打开，否则烟和火就会冲进卧室；如果房门不热，火势可能还不大，通过正常的途径逃离房间是可能的。离开房间以后，一定要随手关好身后的门，以防火势蔓延。如在楼梯间或过道上遇到浓烟时要马上停下来，千万不要试图从烟火里冲出，也不要躲藏到顶楼或壁橱等地方，应选择别人易发现的地方，向消防队员求救。

（4）当某一防火区着火，如楼房中的某一单元着火，楼层的大火已将楼梯间封住，致使着火层以上楼层的人员无法从楼梯间向下疏散时，被困人员可先疏散到屋顶，再从相邻未着火的楼梯间往地面疏散。

（5）当着火层的走廊、楼梯被烟火封锁时，被困人员要尽量靠近当街窗口或阳台等容易被人看到的地方，向救援人员发出求救信号，以便让救援人员及时发现，采取救援措施。

3. 自救、互救逃生

（1）利用各楼层的消防器材。如干粉、泡沫灭火器或水枪扑灭初期火灾是积极的逃生方法。

（2）互相帮助，共同逃生。对老、弱、病、残、孕妇、儿童及不熟悉环境的人要引导疏散，帮助逃生。

（3）自救逃生。发生火灾时，要积极行动，不能坐以待毙。要充分利用身边的各种利于逃生的东西，如把床单、窗帘、地毯等接成绳，进行滑绳自救，或用洗手间的水淋湿墙壁及用门阻止火势蔓延等。

4. 火灾逃生时的注意事项

（1）不能因为惊慌而忘记报警。进入高层建筑后应注意通道、警铃、灭火器位置，一旦火灾发生，要立即按警铃或打电话。

（2）不能一见低层起火就往下跑。低楼层发生火灾后，如果上层的人都往下跑，反而会给救援增加困难。正确的做法是应更上一层楼。

（3）不能因清理行李和贵重物品而延误时间。起火后，如果发现通道被阻，则应关好房门，打开窗户，设法逃生。

（4）不能盲目从窗口往下跳。当被大火困在房内无法脱身时，要用湿毛巾捂住鼻子，阻挡烟气侵袭，耐心等待救援，并想方设法报警呼救。

（5）不能乘普通电梯逃生。高楼起火后容易断电，这时候乘普通电梯就有停运的可能。

（6）不能在浓烟弥漫时直立行走。大火伴着浓烟腾起后，应在地上爬行，避免呛烟和中毒。

事故案例

2007年6月25日，施工人员在山东辛店电厂二期脱硫工程烟囱防腐内筒110m平台进行施焊操作。15时35分，监护人员发现烟囱玻璃钢内筒95m左右处的外壁岩棉及化学黏合剂起火，因距离着火点较远，随身携带的灭火器没法将火扑灭（其他施工人员不会使用灭火器），立即通知烟囱内作业人员撤离并报警。由于火势加大，在175m平台进行施工作业的6名人员，只有2人平安撤离到地面，1人失踪，3人被困烟囱顶部，由于着火距离地面较高，消防人员只能够从烟囱底部进行喷水。17时许，1名被困烟囱顶部的施工人员，因安全带被烧断，从180m高空坠落地面死亡。18时30分，烟囱内部明火熄灭。经多方救援，直到 6 月 26 日 19 时 50 分，另外 2 名受困人员被成功解救到地面。

原因分析：承建单元的施工人员在没有打点动火工作票、没有执行在施焊作业点下部安置石棉布和接焊渣用水桶等防火措施的情况下，违章在 110m 平台进行加固内筒止晃装配的施焊作业，致使焊渣溅落到 95m 玻璃钢内筒外壁保温层，引燃保温粘结材料，引发大火。本次事故共造成 1 人死亡，1 人失踪，2 人受伤，直接经济损失高达数百万元。

事故案例

某工艺制品厂发生特大火灾事故，烧死 84 人，伤 40 多人。该工艺制品厂厂房是一栋三层钢筋混凝土建筑物，一楼是裁衣车间兼仓库，库房用木板和铁栅栏间隔，库内堆放海绵等可燃物高达 2m。通过库房顶部并伸出库房，搭在铁栅栏上的电线没有套管绝缘，总电闸的熔丝改用两根钢丝代替。二楼是手缝和包装车间及办公室，厕所改作厨房，放有两瓶液化气。三楼是车衣车间，全部窗户安装了铁栅栏。起火原因是电线短路引燃仓库的可燃物所致。起火初期，火势不大，部分职工试图拧开消防栓和使用灭火器扑救，但因不懂操作未能见效。在一楼东南角敞开式的货物提升机的烟囱效应作用下，火势迅速蔓延至二楼、三楼。一楼的职工全部逃出，正在二楼办公的厂长不组织工人疏散，自己打开窗爬绳逃命。二、三楼 300 名职工在

无人指挥的情况下慌乱下楼，由于对着楼梯口的西北门被封住，职工下到楼梯口要拐弯通过打卡通道才能从西南门逃出，路窄人多，互相拥挤，浓烟烈火，视野不清，许多职工被毒气熏倒在楼梯口附近，因而造成重大伤亡。

从以上实例可以看出，火灾无论对设备、人身、企业和社会都带来巨大损失，因此一定要重视防火防爆工作。一旦灾情发生，要争分夺秒地进行灭火工作。同时，为了保证灭火的顺利进行和个人的安全，每个电力工人都应具备一定的防火灭火知识，正确掌握灭火器材的使用方法，以便有能力使火情限制在最小的范围之内，尽量减少国家财产和人员伤亡。

第七节 爆炸的基本概念

一、什么是爆炸

爆炸是指物质发生剧烈的物理或化学反应，由一种状态迅速变成另一种状态，并在极短时间内放出大量的能量，且产生高温、高压气体，使周围空气剧烈膨胀并伴有巨大声响的现象。

二、爆炸的分类

爆炸分为物理性爆炸和化学性爆炸两类。

物理性爆炸：是由物理变化（温度、体积和压力等因素）引起的。在物理性爆炸的前后，爆炸物质的性质及化学成分均不改变。如蒸汽锅炉、高压气瓶爆炸。

化学性爆炸：是物质在短时间内完成化学变化，形成其他物质，同时产生大量气体和能量的现象。包括可燃气体和可燃粉尘的爆炸等。如乙炔、氢、液化气等泄漏遇火种发生的爆炸。

三、爆炸极限

可燃物质与空气均匀混合形成爆炸性混合物，其浓度达到一定范围内时，遇到明火或一定的引爆能量立即发生爆炸，这个浓度范围称为爆炸极限（或爆炸浓度极限）。形成爆炸混合物的最低浓度叫做爆炸浓度下限，最高浓度叫做爆炸浓度上限，上、下限之间称为爆炸浓度范围。如汽油的爆炸极限为 2% ~ 6%，乙炔的爆炸极限为 1.5% ~ 6%。

四、爆炸必须具备的五个条件

（1）提供能量的可燃性物质，即爆炸性物质，包括气体、液体和固体。气体如氢气、乙炔、甲烷等；液体如酒精、汽油；固体如粉尘、纤维粉尘等。

（2）辅助燃烧的助燃剂（氧化剂），如氧气、空气。

（3）可燃物质与助燃剂的均匀混合。

（4）混合物放在相对封闭的空间（包围体）。

（5）有足够能量的点燃源，包括明火、电气火花、机械火花、静电火花、高温、化学反应、光能等。

五、爆炸应急处理要点

（1）立即卧倒，趴在地面不要动，或手抱头部迅速蹲下，或借助其他物品掩护，迅速就近找掩蔽体掩护。

（2）爆炸引起火灾，烟雾弥漫时，要作适当防护，尽量不要吸入烟尘，防止灼伤呼吸道。尽可能将身体压低，用手脚触地爬到安全处。

（3）立即打电话报警，如遇伤害，拨打救援电话求助或就近医院救治。

（4）尽力帮助伤者，将伤者送到安全地方，或帮助止血，等待救援机构人员到场。

（5）撤离现场时应尽量保持镇静，别乱跑，防止再度引起恐慌，增加伤亡。

发电厂、变电所由于其特殊的生产过程，具有高温环境和存在油、煤、氢气、电缆等易燃物，所以潜在的火灾、爆炸的危险性很大，尤其是火力发电厂的燃料系统更容易发生爆炸事故。如燃煤及煤粉爆炸、油罐着火爆炸、锅炉炉膛煤粉爆炸等，这些事故主要是因燃料管理或燃烧控制不当而引起的。用于发电机冷却的氢气，在运行中易外冒，当氢气与空气混合到一定比例时，遇火即发生爆炸，氢爆事故非常严重。

事故案例

2009 年 12 月 30 日 16 时 50 分，山西华光发电有限公司在 4 号发电机 6.9m 平台处停机检修发电机定子接地故障过程中，发电机膛内发生了残余冷却气体（氢气）爆炸，造成正在检修设备的总工程师高某等 4 人死亡，1 人重伤的较大人身伤亡事故。

事故分析：当时承担检修任务的山西省同建电力设备安装公司正在进行"4 号发电机开人孔检查"工作，在开启人孔门时，发生发电机膛内残余氢气爆炸，事故发生地点在汽轮机房 4 号发电机组 6.9m 平台上发电机励磁侧人孔门处。事故发生是由于发电机内排氢不彻底，虽已进行二氧化碳和空气置换，但发电机内局部仍残留氢气，遇有火花，引燃从人孔门涌出的氢气混合气体，产生了爆炸。从事故情况分析看，存在检修工作人员违章作业、现场安全措施不全面、人员未按规定分工进行现场作业、安全监护不到位等问题。

事 故 案 例

2000 年 9 月 23 日上午 10 时 15 分，山西潞宝煤气发电厂炉膛发生爆炸事故，造成 2 人死亡，5 人重伤，3 人轻伤的重大事故。同时锅炉烟道、引风机等被摧毁，还使距锅炉房 500m 范围内的门窗玻璃不同程度地被震坏。

事故分析：此次爆炸事故是由于炉前 2 号燃烧器

（北侧）手动蝶阀（煤气进气阀）处于开启状态（应为关闭状态），致使点火前炉膛、烟道、烟囱内聚集大量煤气和空气的混合气，且混合比达到轰爆极限值，因而在点火瞬间发生爆炸。具体情况如下：

（1）当班人员未按规定进行全面的认真检查，在点火时未按规程进行操作，使点火装置的北蝶阀在点火前处于开启状态，是导致此次爆炸事故的直接原因。

（2）煤气发电厂管理混乱，规章制度不健全，厂领导没有执行有关的指挥程序，没有严格要求当班人员执行操作规程，未制止违规操作行为，职责不明，规章制度不健全也是造成此将爆炸事故的原因之一。

（3）公司领导重生产、轻安全，重效益、轻管理。在安全生产方面失控，特别是在各厂的协调管理方面缺乏有效管理和相应规章制度，对各厂的安全生产工作不够重视，也是造成此将爆炸事故的原因之一。

第二章

消防器材及消防系统

第一节　常用消防器材简介

一、常用灭火剂

能够有效地在燃烧区破坏燃烧条件，达到抑制燃烧或中止燃烧的物质，称作灭火剂。灭火剂的种类较多，常用的灭火剂有水、泡沫、二氧化碳、干粉、卤代烷灭火剂等。

1. 水

灭火原理：水是使用最方便的天然灭火剂。当用其灭火时，水吸收热量变为蒸汽，能促使燃烧物冷却，使燃烧物温度降低到燃点以下。水浸湿的可燃物，必须具有足够的时间和热量将水分蒸发，然后才能燃烧，这就抑制了火灾的扩大。同时，它包围燃烧区，能降低氧气浓度，从而使燃烧减弱并有效地控制燃烧，使燃烧物因得不到足够的氧气而窒息。尤其是经消防水泵加压的高压水流强烈冲击燃烧物或火焰，冲散燃烧物，使燃烧强度显著降低，从而使火灾熄灭，达到灭火的目的。

适用范围：水具有导电能力，不能用来扑灭电气火灾；水不适用于与水反应能够生成可燃气体、容易引起爆炸物质火灾的扑救，如碱金属、乙炔、电石等的火灾；冷水遇到高温熔融的盐液及沥青等会发生爆炸，故不能扑灭此类火灾；油类等密度比水小，不能用一般的水来扑救（水雾灭火除外）。

2. 干粉灭火剂

干粉是一种干燥的、易流动的并具有很好防潮、防结块性能的固体粉末，又称为粉末灭火剂。目前分为普通干粉灭火剂、多用途干粉灭火剂两类。普通干粉灭火剂（又称 BC 干粉灭火剂），是由碳酸氢钠、活性白土、云母粉和防结块添加剂等成分组成。多用途干粉灭火剂（又称 ABC 干粉灭火剂），是由磷酸一铵、硫酸铵、催化剂、防结块剂、活性白土等成份组成。

灭火原理：干粉灭火剂平时贮存于干粉灭火器或灭火设备中。灭火时依靠加压气体（二氧化碳或氮气）将干粉从喷嘴喷出，形成一股雾状粉流，射向燃烧区。当干粉灭火剂与火焰接触时，发生一系列的物理化学反应，将火扑灭。

适用范围：干粉灭火剂主要用于扑救各种非水溶性及水溶性可燃、易燃液体的火灾，以及天然气和石油气等可燃气体火灾和一般带电设备的火灾。在扑救非水溶性可燃、易燃液体火灾时，可与氟蛋白泡沫联用以取得更好的灭火效果，并可有效地防止复燃。

3. 泡沫灭火剂

凡能与水混合，用机械或化学反应的方法产生灭火泡沫的灭火剂，称为泡沫灭火剂。泡沫灭火剂分为化学泡沫和空气泡沫两大类。

灭火原理：由于它的密度远远小于一般的可燃、易燃液体，因此可以飘浮在液体的表面，形成保护层。使燃烧物与空气隔断，达到窒息灭火的目的。它主要用于扑灭一般可燃、易燃的火灾。同时，泡沫还有一定的黏性，能黏附在固体上，所以对扑灭固体火灾也有一定效果。

适用范围：泡沫灭火剂主要适于扑救非水溶性可燃、易燃液体火灾和一般固体物质火灾（如从油罐流淌到防火堤以内的火灾或从旋转机械中漏出的可燃液体的火灾等），以及仓库、飞机库、地下室、地下道、矿井、船舶等有限空间的火灾。液化天然气等深冷液体的储罐有泄漏时，也可施用高倍数泡沫，以起到防止蒸气挥发和着火的作用。由于它比重小，又具有较好的流动性，所以在产生泡沫的气流作用下，通过适当的管道，可以输送到一定的高度或较远的地方去灭火。

由于油罐着火时，油罐上空的上升气流升力很大，而泡沫的比重却很小，不能覆盖到油面上，所以不能用高倍数泡沫灭火剂扑救油罐火灾，但对室内储存的少量水溶性可燃液体火灾，有时也可用全淹没的方法来扑灭。

4. 二氧化碳灭火剂

二氧化碳灭火剂是一种具有一百多年历史的灭火剂，价格低廉，获取、制备容易，其主要依靠窒息作用和部分冷却作用灭火。二氧化碳灭火器主要用于扑救贵重设备、档案资料、仪器仪表、600V以下电气设备及油类的初起火灾。

灭火原理：二氧化碳灭火剂是以液态的形式加压充装在灭火器中，由于二氧化碳的平衡蒸汽压高，瓶阀一打开，液体立即通过虹吸管、导管和喷嘴并经过喷筒喷出，液态的二氧化碳迅速气化，并从周围空气中吸收大量的热（1kg 液态二氧化碳气化时需要 578kJ 热量），但由于喷筒隔绝了对外界的热传导，因此，二氧化碳液态气化时，只能吸收自身的热量。导致液体本身温度急剧降低，当其温度下降到零下 78.5℃（升华点）时，就有细小的雪花状二氧化碳固体出现。所以以灭火剂喷射出来的是温度很低的气体和固体的二氧化碳，尽管二氧化碳温度很低，对燃烧物有一定的冷却作用，然而这种作用远不足以扑灭火焰。

它的灭火作用主要是增加空气中不燃烧、不助燃的成分，使空气中的氧气含量减少。实验表明：燃烧区域空气中氧气的浓度小于等于 20%。二氧化碳的浓度为 30%～35% 时，绝大多数的燃烧都会熄灭。

适用范围：二氧化碳灭火剂适于扑救气体火灾、A、B、C 类液体火灾和一般固体物质火灾。二氧化碳灭火时，不会污染火场环境，灭火后不留痕迹，不腐蚀设备。由于二氧化碳不导电，所以可用来扑救带电设备火灾，特别适于扑救油浸变压器室、充油高压电容器室、发电机房、通信机房、精密仪器室、贵重设备室、图书馆、档案库、加油站、油泵间等。但二氧化碳不适于扑救自己能供氧的化学物品火灾，如硝酸纤维、火药等。二氧化碳灭火剂的缺点是高压储存时压力太大，低压储存时需要制冷设备，二氧化碳膨胀时能产生静电放电，有可能引起着火。

二、常用消防器材

常用的消防器材包括灭火器、消火栓系统、消防破拆工具等。灭火器是由筒体、器头、喷嘴等部件组成的，借助驱动压力可将所充装的灭火剂喷出，达到灭火的目的。灭火器由于结构简单，操作方便，轻便灵活，因此使用面广，是扑救初期火灾的重要消防器材（见图2-1）。

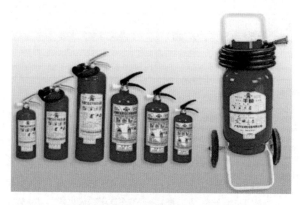

图2-1 常用灭火器

（一）灭火器

灭火器按其移动方式可分为手提式和推车式；按驱动灭火器的压力型式可分为储气式灭火器、储压式灭火器、化学反应式灭火器三类；按所使用的灭火剂划分，可分为干粉灭火器、卤代烷灭火器、二氧化碳灭火器、酸碱灭火器等类型。

储气式灭火器：灭火剂由灭火器上的储气瓶释放的压缩气体或液化气体的压力驱动的灭火器。

储压式灭火器：灭火剂由灭火器同一容器内的压缩气体或灭火蒸气的压力驱动的灭火器。

化学反应式灭火器：灭火剂由灭火器内化学反应产生的气体压力驱动的灭火器。

灭火器的型号由类、组、特片代号和主要参数四部分组成，其中类、组、特征代号是用其有代表性的汉字的拼音字母的字头表示，编制方法见表2-1。

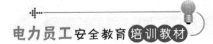

表 2-1　　　　　　　　　　灭火器编制方法

类别	级别	代号	特　征	代号含意	主要参数	
					名称	单位
灭火器 M（灭）	水 S（水）	MSQ	清水、Q（清）	手提式清水灭火器	灭火剂充装置	L
	泡沫 P（泡）	MP	手提式	手提式泡沫灭火器		L
		MPZ	舟车式，Z（舟）	舟车式泡沫灭火器		
		MPT	推车式，T（推）	推车式泡沫灭火器		
	干粉 F（粉）	MF	手提式	手提式干粉灭火器		kg
		MFB	背负式，B（背）	背负式干粉灭火器		
		MFT	推车式，T（推）	推车式干粉灭火器		
	二氧化碳 T（碳）	MT	手提式	手提式二氧化碳灭火器		kg
		MTZ	鸭嘴式，Z（嘴）	鸭嘴式二氧化碳灭火器		
		MTT	推车式，T（推）	推车式二氧化碳灭火器		
	1211 Y（1）	MY	手提式	手提式、推车式 1211 灭火器		kg
		MYT	推车式			

1. 干粉灭火器

（1）手提式干粉灭火器。

干粉灭火器是以干粉为灭火剂，二氧化碳或氮气为驱动气体的灭火器。按驱动气体储存方式可分为储气瓶式和储压式两种类型。

1）结构型式：储气瓶式干粉灭火器以二氧化碳（液化）作驱动气体，单独充装在储气瓶内，储气瓶可以内装也可以外装。主要构件为本体、储气瓶、器头（含保险、密封、间歇装置——内置式有）、输气管、输粉管、输粉胶管、喷口等。

储压式干粉灭火器以氮气作驱动气体，氮气与干粉同装于灭火器本体内，其主要构件为本体、器头（含保险、间歇装置、压力表装置、密封、启动装置等）、输粉胶管、喷口等。MF 型手提式干粉灭火器结构如图 2-2 所示。

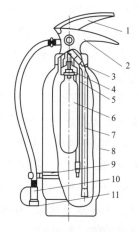

图 2-2　MF 型手提内置式
干粉灭火器

1—压把；2—提把；3—刺针；
4—密封膜片；5—进气管；
6—二氧化碳铜瓶；7—出粉管；
8—筒体；9—喷粉管固定夹箍；
10—喷粉管（带提环）；11—喷嘴

2）使用方法：灭火时，可手提或肩扛灭火器快速奔赴火场，在距燃烧处 5m 左右，放下灭火器。如在室外，应选择在上风方向喷射。使用的干粉灭火器若是储气瓶式的，操作者应一手紧握喷枪另一手提起储气瓶上的开启提环。如果储气瓶的开启是手轮式的，则按逆时针方向旋开，并旋到最高位置，随即提起灭火器。

当干粉喷出后，迅速对准火焰的根部扫射。使用的干粉灭火器若是内置式储气瓶的或者是储压式的，操作者应先将开启把上的保险销拔下，然后握住喷射软管前端喷嘴根部，另一手将开启压把压下，打开灭火器进行喷射灭火。有喷射软管的灭火器或储压式灭火器，在使用时，一手应始终压下压把，不能放开，否则会中断喷射。

干粉灭火器扑救可燃、易燃液体火灾时，应对准火焰根部扫射，如被扑救的液体火灾呈流淌燃烧时，应对准火焰根部由近而远，并左右扫射，直至把火焰全部扑灭。如果可燃液体在容器内燃烧，使用者应对准火焰根部左右晃动扫射，使喷射出的干粉流覆盖整个容器开口表面；当火焰被赶出容器时，使用者仍应继续喷射，直至将火焰全部扑灭。在扑救容器内可燃液体火灾时，应注意不能将喷嘴直接对准液面喷射，防止喷流的冲击力使可燃液体溅出而扩大火势，造成灭火困难。如果当可燃液体在金属容器中燃烧时间过长，容器的壁温已高于被扑救可燃液体的自燃点，此时极易造成灭火后再复燃的现象，若与泡沫类灭火器联用，则灭火效果更佳。

3）维护保养：灭火器应存放在灭火器使用温度范围内（储存瓶工-10~55℃，储压式 -20~55℃）的场所和便于取用的通风、阴凉、干燥处，禁止暴晒，以防止驱动气体因受热膨胀而泄漏，影响使用效果；喷嘴胶堵应塞好，以防止干粉受潮或杂质进入胶管，影响喷射。

灭火器应按制造厂规定的要求和周期进行检查。如发现灭火剂结块或气量不足，应更换灭火剂或补充气量。灭火器的维修应由专门单位按制造厂家规定的要求进行。

（2）推车式干粉灭火器。

推车式干粉灭火器是移动式灭火器中灭火剂量较大的消防器材。它适用于石油化工企业和变电站、油库，能迅速扑灭初起火灾。推车式灭火器规格有 MFT35 型、MFT50 型和 MFT70 型三种。由于形式不同，其结构及使用方法也有差异。现以 MFT35 型为例加以介绍。

1）构造：MFT35 型干粉灭火器主要由喷枪、储气钢瓶、干粉储罐、车架、进气管、出粉管、压力表、安全阀、喷嘴等组成。这是一种内装式灭火器，其构造如图 2-3 所示。压力表用于显示罐内二氧化碳气体压力，通过压力表的显示来控制进气压杆，使储罐内压力保持最佳状态。安全阀的作用是，当储罐内的气体压力超过最大工作压力时，安全阀自动开启放气降压，起到自动限压作用。

2）使用方法：使用 MFT35 型灭火器时，先取下喷枪，展开出粉管，提起进气压杆，使二氧化碳气体进入储罐。当表压升至 700～1100kPa 时（800～900kPa 灭火效果最佳），放下压杆停止进气。同时两手持喷枪，枪口对准火焰边沿根部，扣动扳机，干粉即从喷嘴喷出，由近至远灭火。如扑救油火时，应注意干粉气流不能直接冲击油面，以免油液激溅引起火灾蔓延。

3）维护检查：检查车架上的转动部件是否灵活可靠；经常检查干粉有无结块现象，

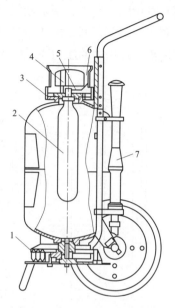

图 2-3 MFT35 型干粉灭火器
1—出粉管；2—铜瓶；3—护罩；4—压力表；
5—进气压杆；6—提环；7—喷枪

如发现结块，立即更换灭火剂；定期检查二氧化碳质量，如发现质量减少 1/10 时，应立即补气；检查密封件和安全阀装置，如发现有故障，须及时修复，修好后方可使用；每隔三年，干粉储罐需经 2500kPa 水压试验，二氧化碳钢瓶经 22.5MPa 的水压试验，合格后方能继续使用。

2. 空气泡沫灭火器

（1）结构：空气泡沫灭火器的结构型式与储气瓶（内装）式干粉灭火器基本相同。不同的是该灭火器的喷射口为一专用泡沫产生器（利用混合液的射流吸入空气产生泡沫）。

空气泡沫灭火器按加压方式分有储气瓶式和储压式两种。储压式空气泡沫灭火器的构造与储气瓶式空气泡沫灭火器的构造基本相同。不同之处是储气瓶式空气泡沫灭火器有一个二氧化碳储气钢瓶，而储压式空气泡沫灭火器没有，但有一块能显示内部工作压力的压力表，如图2-4所示。

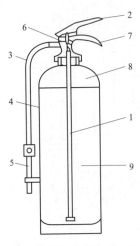

图2-4 空气泡沫灭火器

1—虹吸管；2—压把；3—喷射软管；4—筒体；5—泡沫喷枪；6—筒盖；7—提把；8—加压氮气；9—泡沫混合液

（2）适用范围：该灭火器的适用范围取决于充装的灭火剂。充装蛋白泡沫剂、氟蛋白泡沫剂和轻水（水成膜）泡沫剂，可用于扑救一般固体物质和非水溶性易燃、可燃液体的火灾；充装抗溶性泡沫剂，可以专用于扑救水溶性易燃可燃液体的火灾。

（3）使用方法：该灭火器的启动方式与内装储气瓶式干粉灭火器相同。使用时可手提或肩扛迅速奔到火场，在距燃烧物6m左右，拔出保险销，一手握住开启压把，另一手紧握喷枪（或拉出发泡头）；用力捏紧开启压把，打开密封或刺穿储气瓶密封片，空气泡沫即可从喷枪口喷出。喷射泡沫时，泡沫不能直射液面，应经一定缓冲后，流动堆积在燃烧区灭火。

使用空气泡沫灭火器时，应使灭火器始终保持直立状态，切勿颠倒或横卧使用，否则会中断喷射。同时应一直紧握开启压把，不能松手，否则也会中断喷射。另外，如果灭火器安装有喷枪，则在手持喷枪时，不得将进气口堵塞，以免影响发泡率。

（4）维护保养：灭火器应放置在阴凉、干燥、通风的部位，环境温度应为4~40℃之间，冬季应注意防冻。如发现冻结，切勿用火烤，让其慢慢化开后仍能使用；经常查看喷枪喷嘴是否堵塞，如有堵塞应及时疏通。每半年查看灭火器是否有工作压力。

3. 二氧化碳灭火器

二氧化碳灭火器是（高压）储压式灭火器，以液化的二氧化碳气体本身的蒸汽压力作为喷射动力的灭火器具。可分为手提式二氧化碳灭火器（见图2-5）和推车式二氧化碳灭火器（见图2-6）。

（1）结构。手提式二氧化碳灭火器由无缝钢管经焖头收口工艺制成。筒体内充装液化二氧化碳，属高压容器。器头有两种型式。其一为螺纹（手轮）锥阀式开关，由于开启速度较低，操作不便，将被逐步淘汰；其二为弹簧杆（压把）式开关，操作较为方便。器头阀座的下侧有一横向通道，接装安全膜片，当筒体内压力超过允许极限时，膜片自行爆裂卸压。喷筒经连接管与器头相连，虹吸管为灭火剂通道，上接器头，下端

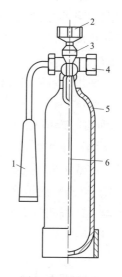

图2-5 手提式
二氧化碳灭火器
1—喷筒；2—手轮；3—启闭阀；4—安全阀；5—铜瓶；
6—虹吸管

插入筒体底部。压把式器头上安装有保险销和间歇喷射机构。

（2）适用范围：二氧化碳灭火器适用于易燃可燃液体、可燃气体和低压电器设备、仪器仪表、图书档案、工艺品、陈列品等的初起火灾扑救。可放置在贵重物品仓库、展览馆、博物馆、图书馆、档案馆、实验室、配电室、发电机房等场所。扑救棉麻、纺织品火灾时，需注意防止复燃。不可用于轻金属火灾的扑救。

（3）使用方法：灭火器启动方式随开关型式而异。螺纹式

阀门只需将手轮逆时针方向旋转至最大开启量。压把式启动方式与储压式干粉灭火器相同：向下按压压把或一手同时握持压把和提把，相向用力。灭火时，一手持喇叭筒，一手提灭火器提把，顺风使喷筒从火源侧上方朝下喷射，喷射方向要保持一定的角度，以使二氧化碳迅速覆盖着火源，达到窒息灭火的目的。

使用二氧化碳灭火器扑救电器设备火灾时，要注意，如果电压超过600V，应先断电，后灭火。使用时要戴手套以免皮肤接触喇叭筒和喷射胶管被冻伤。

（4）维护保养：二氧化碳灭火器应存放在干燥通风、温度适宜、取用方便之处，并应远离热源，严禁烈日暴晒。环境温度低于-20℃的地区，尽量不要选用二氧化碳灭火器，因其在低温下，蒸汽压力低，喷射强度小，不易灭火。搬运时，应注意轻拿轻放，避免碰撞，保护好阀门和喷筒。对灭火器应定期（最长为一年）检查外观和称重，如果失重量超过充装量的5%，应维修和再充装。灭火器每五年或充装前应进行一次水压试验，试验压力为设计压力的1.5倍。灭火器经启动后，即使喷出不多，也应重新充装。灭火器的维修和充装应由专门厂家进行，维修或充装后应标明厂名（或代号）和日期。对经检试确定不合格的灭火器，不得继续使用。

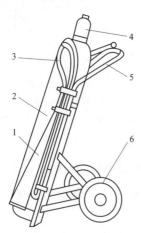

图2-6　推车式二氧化碳
灭火器结构示意图

1—喇叭口（喷射口）；2—筒体；

3—胶管；4—安全帽（内罩手轮

开关）；5—车架；6—手轮

推车式二氧化碳灭火器的阀门为螺纹式阀门，其余结构与手提式二氧化碳灭火器相同。适用范围与手提式二氧化碳灭火器相同。使用方法与手提式二氧化碳灭火器略有不同。推车式二氧化碳灭火器一般由两人操作，使用时由两人一起将灭火器推或拉到燃烧处，在离燃烧物 10m 左右停下，一人快速取下喇叭筒并展开喷射软管后，握住喇叭筒根部的手柄（如果没有则须戴手套或用衣物等垫住，以防冻伤），另一人快速按顺时针方向旋动手轮，并开到最大位置。灭火方法与手提式的方法一样。维护保养与手提式二氧化碳灭火器相同。

使用二氧化碳灭火器时，在室外使用的，应选择在上风方向喷射；在室内窄小空间使用的，灭火后操作者应迅速离开，以防窒息。

（二）消防（火）栓

消火栓是与供水管路连接，由阀、出水口和壳体等组成的消防供水装置，分为室内消火栓和室外消火栓。

1. 室内消火栓

室内消火栓是设于建筑内部的消火栓，包括室内消火栓、水带、水枪等。室内消火栓由开启阀门和出水口组成，并配有双卷的水带和水枪，一般都安装在有玻璃门的消防箱内，有的还设计安装有消防卷盘、报警按钮、指示灯等附件，如图 2-7 所示。使用时，一般由两人配合。一人拉开消火栓箱门，迅速取下挂架上的水带或取出双卷水带甩出，手持一端的接口和水枪冲向起火处，途中将水枪和水带接口接好。另一人将接口另

图 2-7 室内消火栓

一端连接在消火栓出水口上，并旋转手轮打开阀门，水即喷出。

如果箱门锁住，可用钥匙打开或用硬物击碎箱门上的玻璃；如有报警按钮，可同时按动，此时消火栓箱上的红色指示灯亮，给控制室和消防泵房送出火警信号。

需要注意的是，使用时，须避免水带打死折，并应尽量拉直水带，以保证水流畅通。水从水枪口喷出时，会产生很大的反作用力，使人难以把持，不小心还会打到人，因此，握水枪者应将水带夹于腋下，双手紧握水枪，开启阀门者应慢慢放水，不要突然将水流开到最大。

消防卷盘的输水胶管平时卷绕在胶管卷盘上，使用时，手握小口径水枪头，胶管拉出任一长度、任意绕曲均可出水，可灵活应用于室内初起火灾的扑救。

2. 室外消火栓

室外消火栓是露天设置的消火栓，是市政供水系统或消防给水管网的取水口，主要分为地上和地下两种。地上消火栓的阀、出水口以及部分壳体露出地面，地下消火栓是安装于地下的室外消火栓。

室外消火栓一般由专业消防队的消火栓专用扳手开启，任何单位和个人不得用其他工具打开用于扑救火灾以外的其他目的，不得损坏、拆除、停用，也不能碰撞、圈占、埋压和设置障碍物。

（三）破拆工具

破拆工具设备（破拆器材装备）在发生火灾时使用，能快速破拆、清除栏杆、倒塌建筑钢筋等障碍物，包括消防斧、切割工具等。

1. 消防斧

清理着火或易燃材料，切断火势蔓延的途径，还可以劈开被烧变形的门窗，解救被困的人员。消防平斧的外形如图 2-8

所示。消防斧的型号编制方法应符合 GN 11—1982《消防产品型号编制方法》的规定。消防斧斧头应采用符合标准技术要求的钢材制造，

图 2-8 消防平斧结构示意图

斧柄应采用硬质木材，含水率应不大于 16%。消防斧产品型号的构成如图 2-9 所示。如：GFP 810 表示全长 810mm 的消防平斧；GFJ 715 表示全长 715mm 的消防尖斧。

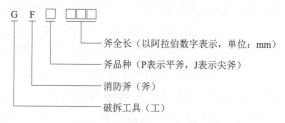

图 2-9 消防斧产品型号的构成

2. 常用切割工具和破拆工具

包括机动链锯、无齿锯、液压破拆工具组等，如图 2-10所示。

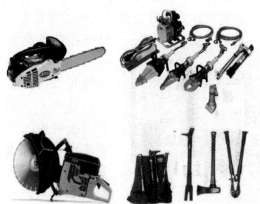

图 2-10 常用切割工具及破拆工具

第二节 典型消防系统介绍

一、消防系统的组成

消防系统主要由两大部分构成：一部分为感应机构，即火灾自动报警系统；另一部分为执行机构，即消防联动控制系统（包括自动灭火控制系统及辅助灭火或避难指示系统）。

火灾自动报警系统由触发器件（包括火灾探测器和手动火灾报警按钮）、火灾报警控制装置、火灾警报装置及电源四部分构成，以完成检测火情并及时报警的任务。而消防联动控制系统是在火灾条件下，控制固定灭火、消防通信及广播、事故照明及疏散指示标志、防排烟等消防设施动作的电气控制系统，通常由消防联动控制器、模块、气体灭火控制器、消防电气控制装置、消防应急电源、消防应急广播设备、消防电话、消防控制室图形显示装置、消防电动装置、消火栓按钮等全部或部分设备组成。其中，消防联动控制器是消防系统的重要组成设备，主要功能是接收火灾报警控制器的火灾报警信号或其他触发器件发出的火灾报警信号，根据控制信号控制各类消防设备实现相应功能，消防联动控制器和火灾报警控制器可以组合成一台设备，称为火灾报警控制器（联动型系统），它具备火灾报警控制器和消防联动控制器的所有功能。图2-11为火灾自动报警系统部分组件。

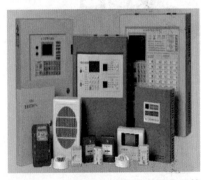

图2-11 火灾自动报警系统部分组件

二、消防系统的主要功能

　　自动捕捉火灾探测区域内火灾发生时的烟、温、光等物理量，发出声光报警并控制自动灭火系统，同时联动其他设备的输出接点，控制事故照明及疏散标记、事故广播及通信、消防给水和防排烟设施，以实现检测、报警和灭火的自动化，另外，还能实现向城市或地区消防队发出救灾请求，进行通信联络。

（一）火灾自动报警系统

1. 系统组成

　　（1）探测器：火灾探测器具体包括感温火灾探测器、感烟火灾探测器、复合式感烟感温火灾探测器、紫外火焰火灾探测器、可燃气体火灾探测器、红外对射火灾探测器等，如图 2 - 12 所示。

图 2-12　某型号火灾探测器

　　（2）报警装置：包括手动报警按钮、火灾声报警器、火灾光报警器、火灾声光报警器等。

　　（3）报警控制器：包括报警主机、CRT 显示器、直接控制盘、总线制操作盘、电源盘、消防电话总机、消防应急广播系统等。

　　火灾报警方式可分为区域报警、集中报警、控制中心报警等。

2. 系统完成的主要功能

　　火灾发生时，探测器将火灾信号传输到报警控制器，通过声光信号表现出来，并在控制面板上显示火灾发生部位，从而达到预报火警的目的。同时，也可以通过手动报警按钮来完成手动报警的功能。

3. 系统容易出现的问题、产生的原因、处理方法

（1）探测器误报警，探测器故障报警。原因：探测器灵敏度选择不合理，环境湿度过大，风速过大，粉尘过大，机械震动，探测器使用时间过长，器件参数下降等。处理方法：根据安装环境选择适当灵敏度的探测器，安装时应避开风口及风速较大的通道，定期检查，根据情况清洗和更换探测器。

（2）手动报警按钮报警，手动报警按钮故障报警。

原因：按钮使用时间过长，参数下降或按钮人为损坏。

处理方法：定期检查，损坏的及时更换，以免影响系统运行。

（3）报警控制器故障。原因：机械本身器件本身损坏报故障或外接探测器、手动按按钮问题引起报警控制器报故障、报火警。处理方法：用表或自身诊断程序检查机器本身，排除故障，或按（1）（2）处理方法，检查故障是否由外界引起。

（4）线路故障。

原因：绝缘层损坏，接头松动，环境湿度过大，造成绝缘下降。

处理方法：用表检查绝缘程度，检查接头情况，接线时采用焊接、塑封等工艺。

（二）消防联动控制系统

1. 消火栓系统

（1）系统组成。消火栓系统由消防泵、稳压泵（稳压罐）、消火栓箱、消火栓阀门、接口水枪、水带、消火栓报警按钮、消火栓系统控制柜等。消火栓箱根据箱门的开启方式，按下门上的弹簧锁，销子自动退出，拉开箱门后，取下水枪拉转水带盘，拉出水带，同时把水带接口与消火栓接口连接上，按下箱体内的消火栓报警按钮，把室内消火栓手轮顺开启方向旋开，即能进行喷水灭火。消防水枪是灭火的射水工具，用其与水带连接会喷射密集充实的水流，具有射程远、水量大等优点。它由管牙接口、枪体和喷嘴等主要零部件组成。直流开关水枪，由直流水枪增加球阀开关等部件组成，可以通过开关控制水流。消防水带是消防现场输水用的软管。消防水带按材料可分为有衬里消防水带和无衬里消防水带两种。无衬里水带承受压力低、阻力大、容易漏水、易霉腐，寿命短，适合于建筑物内火场铺设。衬里水带承受压力高、耐磨损、耐霉腐、不易渗漏、阻力小，经久耐用，也可任意弯曲折叠，随意搬动，使用方便，适用于外部火场铺设。

（2）系统完成的主要功能。消火栓系统管道中充满有压力的水，如系统有微量泄露，可以靠稳压泵或稳压罐来保持系统的水和压力。当火灾时，首先打开消火栓箱，按要求接好接口、水带，将水枪对准火源，打开消火栓阀门，水枪立即有水喷出，按下消火栓按钮时，通过消火栓启动消防泵向管道中供水。

（3）系统容易出现的问题、产生的原因、处理方法。

1）打开消火栓阀门无水。其原因可能管道中有泄漏点，使管道无水，且压力表损坏，稳压系统不起作用。处理方法：检查泄漏点、压力表、修复或安上稳压装置，使管道有水。

2）按下手动按钮，不能联动启动消防泵。原因可能是手动按钮接线松动、按钮本身损坏、联动控制柜本身故障、消防泵启动柜故障或接线松动或消防泵本身故障等。处理方法：检查各设备接线、设备本身器件，检查泵本身电气、机构部分有无故障并进行排除。

2. 自动喷水灭火系统（见图2-13）

（1）系统组成。由闭式喷头、水流指示器、湿式报警阀、压力开关、稳压泵、喷淋泵、喷淋控制柜等组成。

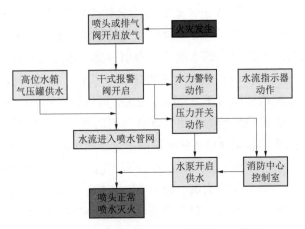

图 2-13　某自动喷水灭火系统结构示意图

（2）系统完成的主要功能。系统处于正常工作状态时，管道内有一定压力的水，当有火灾发生时，火场温度达到闭式喷头的温度时，玻璃泡破碎，喷头出水，管道中的水由静态变为动态，水流指示器动作，信号传输到消防控制中心的消防控制柜上报警，当湿式报警装置报警，压力开关动作后，通过控制柜启动喷淋泵为管道供水，完成系统的灭火功能。

（3）系统容易出现的问题、产生的原因、处理方法。

1）稳压装置频繁启动。原因：主要为湿式报警装置前端有泄漏，还会有水暖件或连接处泄漏，闭式喷头泄漏，末端泄放装置没有关好。处理方法：检查各水暖件、喷头和末端泄放装置，找出泄漏点进行处理。

2）水流指示器在水流动作后不报信号。原因：除电气线路及端子压线问题外，主要是水流指示器本身的问题，包括浆片不动、浆片损坏、微动开关损坏、干簧点触点烧毁、永久性磁铁不起作用。处理方法：检查浆片是否损坏或塞死不动，检查永久性磁铁、干簧管等器件。

3）喷头动作后或末端泄放装置打开，联动泵后前端管道无水。原因：主要为湿式报警装置的蝶阀不动作，湿式报警装置不能将水送到前端管道。处理方法：检查湿式报警装置，主要是蝶阀，直到灵活翻转，再检查湿式装置的其他部件。

4）联动信号发出，喷淋泵不动作。原因：可能控制装置及消防泵启动柜连线松动或器件失灵，也可能是喷淋泵本身机械故障。处理方法：检查各连线及水泵本身。

（三）防排烟系统

（1）系统组成：排烟阀、手动控制装置、排烟机、防排烟控制柜。

（2）系统完成的主要功能：火灾发生时，防排烟控制柜接到火灾信号，发出打开排烟机的指令，火灾区开始排烟，也可人为地通过手动控制装置进行人工操作，完成排烟功能。

（3）系统容易出现的问题、产生的原因、处理方法。

1）排烟阀打不开。原因：排烟阀控制机械失灵，电磁铁不动作或机械锈蚀引起排烟阀打不开。处理方法：经常检查操作机构是否锈蚀，是否有卡住的现象，检查电磁铁是否工作正常。

2）排烟阀手动打不开。原因：手动控制装置卡死或拉筋线松动。处理方法：检查手动操作机构。

3）排烟机不启动。原因：排烟机控制系统器件失灵或连线松动，机械故障。处理方法：检查机械系统及控制部分各器件系统连线等。

（四）防火卷帘门系统

（1）系统组成：感烟探测器、感温探测器、控制按钮、电机、限位开关、卷帘门控制柜（见图2-14）。

（2）系统完成的主要功能：在火灾发生时起防火分区隔断作用，在火灾发生时，感烟探测器报警，火灾信号送到卷帘门控制柜，控制柜发出启动信号，卷帘门自动降到1.8m的位置

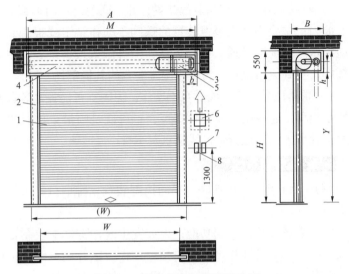

图 2-14　防火卷帘门系统结构图

1—帘板；2—导轨；3—方型罩壳；4—卷筒机构；

5—电动、驱动机构；6—控制箱；7、8—控制按钮

（特殊部位的卷帘门也可一降到底），如果感温探测器报警，卷帘门才降到底。

（3）系统容易出现的问题、产生的原因、处理方法。

1）防火卷帘门不能上升下降。原因：可能为电源故障、电机故障或门本身卡住。处理方法：检查主电源、控制电源及电机，检查门本身。

2）防火卷帘门有上升无下降或有下降无上升。原因：下降或上升按钮问题，接触器触头及线圈问题，限位开关问题，接触器联锁动断触点问题。处理方法：检查下降或上升按钮，下降或上升接触器触头开关及线圈，查限位开关，查下降或上升接触器联锁动断触点。

3）在控制中心无法联动防火卷帘门。原因：控制中心控制装置本身故障，控制模块故障，联动传输线路故障。处理方法：

检查控制中心控制装置本身，检查控制模块，检查传输线路。

（五）消防事故广播及对讲系统

（1）系统组成：扩音机、扬声器、切换模块、消防广播控制柜。

（2）系统完成的主要功能：当消防值班人员得到火情后，可以通过电话与各防火分区通话了解火灾情况，用以处理火灾事故，也可通过广播及时通知有关人员采取相应措施，进行疏散。

（3）系统容易出现的问题、产生的原因、处理方法。

1）广播无声。原因：一般为扩音机无输出。处理方法：检查扩音机本身。

2）个别部位广播无声。原因：扬声器有损坏或连线松动。处理方法：检查扬声器及接线。

3）不能强制切换到事故广播。原因：一般由切换模块的继电器不动作引起。处理方法：检查继电器线圈及触点。

4）无法实现分层广播。原因：分层广播切换装置故障处理方法是检查切换装置及接线。

5）对讲电话不能正常通话。原因：对讲电话本身故障，对讲电话插孔接线松动或线路损坏。处理方法为检查对讲电话及插孔本身，检查线路。

第三章

电气系统的灭火规则及防火防爆措施

第一节　电气防火防爆

　　电气火灾和爆炸是指由电气方面的火源所引起的火灾和爆炸，如某种原因造成发电机、变压器、电力电缆等的起火和爆炸，配电线路短路或过负荷引起的火灾等。造成电气火灾与爆炸的原因除了设备缺陷、安装不当等原因外，电流产生的热量、火花或电弧则是引发火灾和爆炸事故的直接原因。

一、电气设备过热引发火灾

电气设备过热主要是由电流产生的热量造成的。当电气设备的绝缘性能降低时，通过绝缘材料的泄漏电流增加，可能导致绝缘材料温度升高，达到一定条件，就可能引起火灾。引起电气设备过热的不正常运行大体包括以下几种情况：短路、过载、电火花和电弧、铁芯发热、接触不良、散热不良等。

二、电气火灾的预防

电气火灾应主要从以下几个方面进行预防：

（1）合理选用电气设备和导线，不要使其超负荷运行。

（2）避开易燃物，与易燃物保持必要的防火间距。

（3）保持电气设备正常运行，特别注意线路或设备连接处的接触保持正常运行状态，以避免因连接不牢或接触不良，使设备过热。

（4）定期清扫电气设备，保持设备清洁。

（5）加强对设备的运行管理。要定期检修、试验，防止因绝缘损坏等造成短路。

（6）电气设备的金属外壳应可靠接地或接零。

（7）要保证电气设备的通风良好，散热效果好。

三、电气火灾的扑救常识

1. 电气火灾的特点

（1）着火后可能仍然带电，并且在一定范围内存在触电危险。

（2）充油电气设备等受热后可能会喷油，甚至爆炸，造成火灾蔓延且危及救火人员的安全。

所以，扑救电气火灾必须根据现场火灾情况，采取适当的方法，以保证灭火人员的安全。

2. **断电灭火**

电气设备发生火灾或引燃周围可燃物时，首先应设法切断电源，但必须注意以下事项：

（1）处于火灾区的电气设备绝缘能力降低，所以拉开关断电时，要使用绝缘工具。

（2）剪断电线时，不同相电线应错位剪断，防止线路发生短路。

（3）应在电源侧的电线支持点附近剪断电线，防止电线剪断后跌落在地上，造成电击或短路。

（4）如果火势已威胁邻近电气设备时，应迅速拉开相应的开关。

（5）夜间发生电气火灾，切断电源时，要考虑临时照明问题，以利扑救。

发现火险如果是用电引发的着火，现将电源切断再组织救火。

3. 带电灭火

如果无法及时切断电源，而需要带电灭火时，要注意以下几点：

（1）应选用不导电的灭火器材灭火，如干粉、二氧化碳、1211 灭火器，不得使用泡沫灭火器带电灭火。

（2）要保持人及所使用的导电消防器材与带电体之间的足够的安全距离，扑救人员应戴绝缘手套。

（3）对架空线路等空中设备进行灭火时，人与带电体之间的仰角不应超过 45°，而且应站在线路外侧，防止电线断落后触及人体。

第二节　发电机、调相机、电动机

火力发电厂的发电机是由汽轮机机械能转变为电能的设备，主要由定子、转子、端盖、电刷、机座座及轴承等部件构成。转子在定子中旋转，通过滑环通入一定的励磁电流，使转子成为一个旋转磁场，定子线圈做切割磁力线的运动，从而产生感应电动势，通过接线端子引出，接在回路中便产生了电流。

一、发电机、电动机容易燃烧部位

发电机内比较容易燃烧的地方是：定子的端线圈、转子套箍或绑线环下的线圈、定子线槽、定子铁芯、冷空气室内发电机的引出线装置、发电机轴承和励磁机等部分。

定子端线圈部分燃烧的原因是由于发电机绝缘受潮，过负荷，杂物（例如金属屑粒轴承油污煤灰尘土等）落入定子端部线圈使之过热而损坏绝缘，发电机端线圈接头焊接的质量不好等。

发电机定子线槽部分燃烧的原因，通常是因为绝缘击穿，随即在定子线棒与铁芯间发生电弧所致。

定子铁芯的燃烧是由于定子活性铁的各磁铁片间绝缘破坏，或由于夹紧铁芯的螺栓的绝缘破坏所致。

定子铁芯燃烧的现象是：定子外壳局部发生过热，定子各部温度分布不均匀，发电机外壳缝中发现冒烟和有焦灼的气味。

电动机的定子线圈、转子线圈和铁芯的过热是引起电动机燃烧最常见的原因。这种发热的结果，可使绝缘燃烧。

定子和转子线圈发热的原因有：线圈层间短路、电动机过负荷，三相电动机不按三相运行，电动机的轴被卡住，以及轴承磨损致使转子与定子卡住或电动机内进入异物将转子卡住等。

线圈层间短路是由于金属物体偶然落入电动机（例如掉进去的螺丝帽、铁块等），在回转时将线圈的绝缘损坏，引起一部分线圈间的短路，于是强烈发热而使绝缘劣化（炭化），甚至发生强烈的火花和电弧。

二、发电机、电动机灭火措施

（1）当发电机失火时，为了迅速限制火势发展，应迅速与系统解列，并立即用固定的灭火装置灭火。如果没有固定的灭火装置或灭火装置发生不能使用时，应利用一切灭火设备来及时灭火，但不得用泡沫灭火器或用干砂灭火。当地面上有油类着火时，可使用干砂灭火，但注意不使用干砂落到发电机或励磁机的轴承上。

（2）当运行中的电动机发生燃烧时，应立即将电动机电源切断，并尽可能把电动机出入通风口关闭，然后才可用二氧化碳灭火器进行灭火，禁止使用泡沫灭火器及干砂灭火。无二氧化碳灭火器时，可用消火栓连接喷雾水枪灭火。

第三节 氢冷发电机和制氢设备

一、氢气的火灾爆炸特性

氢气是世界上已知的密度最小的气体，是相对分子质量最小的物质，氢气的质量只有空气的 1/14，即在 0 ℃时，一个标准大气压下，氢气的密度为 0.089 9g/L。

常温常压下，氢气是一种极易燃烧爆炸，无色透明、无臭无味的气体。标准状况下密度是 0.09g/L（最轻的气体），难溶于水。在-252 ℃，变成无色液体，-259 ℃时变为雪花状固体。氢气在空气里燃烧生成水并放出大量的热。

氢气在空气中的爆炸极限为 4%～74% 的浓度时与空气混合，在热、日光或火花的刺激下易引爆。氢气的着火点为 500℃。纯净的氢气与氧气的混合物燃烧时放出紫外线。因此，当氢气泄漏时应迅速撤离泄漏污染区人员至上风处，并进行隔离，严格限制出入。应急处理人员戴自给正压式呼吸器，穿消防防护服。尽可能切断泄漏源。合理通风，加速扩散。如有可能，将漏出气用排风机送至空旷地方或装设适当喷头烧掉。漏气容器要妥善处理，修复、检验后再用。灭火方法是切断气源，若不能立即切断气源，则不允许熄灭正在燃烧的气体。喷水冷却容器，可能的话将容器从火场移至空旷处。灭火剂宜使用雾状水、泡沫、二氧化碳、干粉灭火器。

二、氢冷发电机和制氢设备防火措施及灭火规则

（1）氢冷发电机及其氢冷系统和制氢设备中的氢气纯度和含氧量，必须在运行中按专用规程的要求进行分析化验，氢纯度和含氧量必须符合规定的标准。氢冷系统中氢气纯度须不低

于96%，含氧量不应大于2%。制氢设备中，气体含氢量不应低于99.5%，含氧量不应超过0.5%。如不能达到标准，应立即进行处理，直到合格为止。

（2）氢冷发电机的轴封必须严密，当机组开始起动时，无论有无充氢气，轴封油都不准中断，油压应大于氢压，以防空气进入发电机外壳或氢气充入汽轮机的油系统中而引起爆炸起火。

（3）氢冷发电机运行时，排烟机应保持经常运行，并定期（每周一次）从排烟机出口和主油箱顶取样（漏氢增大时应随时取样检查），监视含氢量是否超过制造厂规定（无制造厂规定的按2%）。如超过则应查明原因并予消除。

（4）密封油系统应运行可靠，并设自动投入双电源或交直流密封油泵联动装置，备用泵（直流泵）必须经常处于良好备用状态，并应定期校验。两泵电源线应用埋线管或外露部分用耐燃材料外包。

（5）氢冷发电机密封油箱应设置火灾检测和水喷雾灭火设施。

（6）在氢冷发电机及其氢冷系统上不论进行动火作业还是进行检修、试验工作，都必须断开氢气系统，并与运行系统有明确的断开点。充氢侧加装法兰短管，并加装金属盲（堵）板。

（7）动火前或检修试验前，应对检修设备和管道用氮气或其他惰性气体吹洗置换。

在置换过程中应有专职人员定期取样，分析混合气体的成分。取样点应选在排出母管和气体不易流动的死区。取样前先放气1~2min，以排出管内余气。

氮气置换时，氮气中含氧量不得超过3%。置换结束后，系统内混合气体的含量必须连续三次分析合格，并应有两台以上测爆仪进行现场监测。

（8）气体介质的置换避免在起动、并列过程中进行。氢气置换过程中不得进行预防性试验和拆卸螺丝等检修工作。

（9）机组漏氢量实测计算每月进行一次，用以考核漏氢水平。

（10）设备和阀门等连接点泄漏检查，可采用肥皂水或合格的携带式可燃气体防爆检测仪，禁止使用明火。

（11）管道阀门和水封装置冻结时，只能用热水或蒸汽加热解冻，严禁用明火烤烘。

（12）不得在室内排放氢气。

（13）放空管：

1）放空管出口应在远离明火作业的安全地区。若室内放空管出口近屋顶，应高出屋顶 2m 以上；在墙外的放空管应超出地面 4m 以上，周围并设置遮栏及标示牌；室外设备的放空管应高于附近有人操作的最高设备 2m 以上。排放时周围应禁止一切明火作业。

2）应有防止雨雪侵入和外来异物堵塞放空管和排污管的措施。

3）放空阀应能在控制室远方操作或放在发生火灾时仍有可能接近的地方。放空阀能力应与汽轮机破坏真空停机的惰走时间相配合。

（14）氢气管道：

1）氢气管道宜架空敷设，其支架应为非燃烧体，架空管道不应与电缆、电线敷设在同一支架上。

2）氢气管道与燃气管道、氧气管道平行敷设时，中间宜有非燃物体将管道隔开，或净距不少于 250mm。分层敷设时，氢气管道应位于上方。

3）氢气管道与建筑物、构筑物或其他管线的最小净距应符合现行的 GB 4962《氢气使用安全技术规程》的规定。

4）室外地沟敷设的管道，应有防止氢气泄漏、积聚或窜入其他沟道的措施，埋地敷设的管道埋深不宜小于 0.7m，含氢气的管道应敷设在冰冻层以下。室内管道不应敷设在地沟中或直接埋地。

5）管道穿过墙壁或楼板时应设套管，套管内的管段不应有焊缝，管道和套管之间应用非燃材料填塞。

6）管道应避免穿过地沟、下水道、铁路及汽车道路等，必须穿过时应设套管。

7）管道不得穿过生活间、办公室、配电室、控制室、仪表室、楼梯间和其他不使用氢气的房间，不宜穿过吊顶、技术（夹）层。当必须穿过吊顶或技术（夹）层时，应采取安全措施。

（15）氢气瓶：

1）因生产需要，必须在现场（室内）使用氢气瓶时，其数量不得超过 5 瓶。

2）氢气瓶与盛有易燃、易爆、可燃性物质、氧化性气体的容器的间距不应小于 8m。

3）氢气瓶与明火或普通电气设备的间距不应小于 10m。

4）氢气瓶与空调设备、空气压缩机和通内设备等吸风品的间距不应小于 20m。

（16）氢冷器的回水管必须与凝汽器出水管分开，并将氢冷器回水管接长直接排入虹吸井内。若氢冷器回水管无法与凝汽器出水管分开，则严禁使用明火对凝汽器管铜找漏。

（17）防止氢冷发电机封闭母线爆破失火事故的措施按原水利电力部（87）电生字第 8 号文关于转发"防止国产氢冷发电机封闭母线爆破事故技术措施"的通知执行。

（18）当氢冷发电机失火时，应迅速切断氢源和电源，使发电机解列停机，并使用固定的灭火装置进行灭火。机旁应设置大中型二氧化碳或 1211 灭火装置作灭火备用。

（19）由于漏氢而着火时，首先应断绝氢源或用石棉布密封漏氢处，不使氢气逸出。

（20）制氢站（供氢站）平面布置的防火间距及厂房防爆设计应符合现行的 GBJ 16《建筑设计防火规范》和现行的 GB 4962《氢气使用安全技术规程》的规定。其中泄压面积与房间容积的比例应超过上限 0.22。

（21）制氢站（供氢站）宜布置于厂区连缘，车辆出入方便的地段，并尽可能靠近主要用氢地点。

（22）制氢站（供氢站）和其他装有氢气的设备附近均严禁烟火，严禁放置易燃易爆物品，并应设"严禁烟火"的标示牌。制氢站（供氢站）储氢罐周围（距 10m 处）应设有围墙。如条件不允许时，距离可以适当减少，但需经单位保卫（消防）部门同意，并报当地公安部门批准。

（23）制氢站（供氢站）屋顶应做成平面结构，防止出现积聚氢气的死角。地坪尽可能做到平整，耐磨，不发火花。

（24）制氢站（供氢站）应通风良好，保证空气中氢气最高含量不超过 1%，建筑物顶部或外墙的上部设气窗（楼）或排气孔（通风口），排气孔应面向安全地带。室内排气次数每小时不得少于 3 次，事故通风每小时换气次数不得少于 7 次。

（25）采用自然通风时，排气孔应设在屋顶最高部位，每个排气孔直径不应少于 200mm。屋顶如有梁隔成 2 个以上的间隔，或井字结构、助字结构，则每个间隔内应设排气孔。排气孔的下边应与屋顶内表面齐平，以防止氢气积聚。

（26）每周应对制氢站（供氢站）空气中的含氢量进行一次检测，最高不得超过 1%。

（27）一般氢气化验室不得设在生产氢气的场合。如化验室设在生产氢气的同一建筑内，则应用防火墙隔开，门应直通厂房外。

（28）氢气生产系统的厂房和贮氢罐等应有可靠的防雷设施。避雷针与自然通风口的水平距离，不应少于1.5m，与强迫通风口的距离不应少于3m，与放空管口的距离不应少于5m。避雷针的保护范围应高出管口1m以上。

（29）制氢站（供氢站）应采用防爆型电气装置，并采用木制门窗，门应向外开。电线应穿密封金属套管，并经气密试验检查合格。仪表等低压设备应有可靠绝缘，电话电铃应安装在室外。

（30）氢气设备生产系统各部位，必须使用铜质或铍铜合金工具。

（31）制氢设备要动火检修，或进行能产生火花的作业时，应尽可能将需要修理的部件移到厂房外安全地点进行。如必须在现场动火作业，应按各单位"动火工作票制度"执行。

第四节　酸性蓄电池室及其他电气设备

一、酸性蓄电池室

发电厂和变电站中，酸性蓄电池组由蓄电池串联而成，以作为发电厂和变电站的直流电源。蓄电池的主要危险性在于它在充电或放电过程中会析出相当能量的氢气，同时产生一定的热量。氢气和空气混合能形成爆炸气混合物，且其爆炸的上、下限范围较大，因此蓄电池室具有较大的火灾、爆炸危险性。

1. 酸性蓄电池室防火防爆注意事项

（1）操作蓄电池的人员必须严格执行有关的安全作业

规程。

（2）充电时不宜采用过大电流，以免发热过高，并必须将蓄电池组的全部加液口盖拧下，使产生的氢气可自由逸出。测定充电是否完毕，必须采用电解液化重计。室内使用的扳手等工具，应在手柄上包上绝缘层，以防不慎碰撞产生火花。

（3）充电室内需要进行焊接动火时，必须办理动火工作票手续，经取样测试室电氢气浓度有合格范围内，方能动火。在焊接时必须连续通风，焊接地点必须与其他蓄电池用石棉板隔离。

（4）硫酸与有机物接触时会发热引起燃烧。因此，蓄电池室内严禁储存可然物品。硫酸的贮量只限于当时工作所需的数量，配制电解液应在调酸室进行。

（5）废酸液必须经中和处理，符合"三废"排放标准后，方准排放。

2. 酸性蓄电池室防火防爆措施

（1）严禁在蓄电池室内吸烟和将任何火种带入蓄电池室内。蓄电池室门上应用红漆书写"蓄电池室""严禁烟火"或"火灾危险，严禁火种入内"的标语。

（2）蓄电池室可装设整个管路焊接的暖气装置，严禁采用明火取暖。

（3）蓄电池应装置在单独的室内，开启式蓄电池室用耐火二级、乙类生产建筑与相邻房间隔断，防酸隔爆型蓄电池室用耐火二级、丙类生产建筑与相邻房间隔断。蓄电池室门应向外开。

（4）蓄电池室应装有通风装置，通风道应单独设置，不应通向烟道或厂房内的总通风系统。离通风管出口处 10m 内（含10m）有引爆物质场所时，则通风管的出风口至少应高出该建筑物屋顶 2m。

（5）蓄电池室应使用防爆型照明和防爆型排风机，开关、熔断器、插座等应装在蓄电池室的外面。

蓄电池室的照明线应采用耐酸导线，并用暗线敷设。检修用的行灯应采用 12V 防爆灯，其电缆应用绝缘良好的胶质软线。

（6）凡是进出蓄电池室的电缆、电线，在穿墙处应用耐酸瓷管或聚氯乙烯硬管穿线，并在其进出口端用耐酸材料将管口封堵。

（7）当蓄电池室受到外界火势威胁时，应立即停止充电，如充电刚完毕，则应继续开启排风机，抽出室内不良气体。

（8）蓄电池室火灾时，应立即停止充电，并采用二氧化碳灭火器扑灭。

（9）蓄电池室通风装置的电气设备或蓄电池室的空气入口

处附近火灾时，应立即切断该设备的电源。

二、其他电气设备

（1）油断路器火灾时，严禁直接切断起火断路器电源，应切断其两侧前后一级的断路器电源，然后进行灭火。首先采用二氧化碳、干粉灭火器进行扑救，不得已时可以用泡沫灭火器扑救。如仅套管外部起火，亦可用喷雾水枪扑救。

（2）断路器内部燃烧爆炸使油四溅，扩大燃烧面积时，除用灭火器灭火外，可用干砂扑灭地面上的燃油，用水或泡沫灭火器扑灭建筑物上的火焰。

（3）室内布置的电力电容器群体总油量超过 100kg 时，应有贮油设施或挡油栏。电容器室的建筑物应是耐火二级丙类生产标准。所采用的防火门应向外开。室外布置的电力电容器与高压电气设备需保持 5m 及以上的距离，防止事故扩大。

（4）电容器室内布置时，基坑地面宜采用水泥沙浆抹面并压光，在其上面铺以 100mm 厚的细砂。如室外布置，则基坑宜采用水泥沙浆抹面，在挡油设施内铺以卵石（或碎石）。

（5）电力电容器火灾时，应立即断开电源，并把电容器投向放电电阻或放电电压互感器。

（6）500kV 的穿墙套管，其内部的绝缘体充有绝缘油，应作为消防的重点对象，需备有足够的消防器材和登高设备。

（7）500kV 直流阀或阀厅火灾时，应立即切断电源，并关闭通风机，使阀厅的大气压力与外界大气压力相等。

（8）低压配线的选择，除按其允许载流量应大于负荷的电流总和外，其所选型号与所使用的场合应相适应。

第五节　电力变压器

　　电力变压器是一种静止的电气设备，是用来将某一数值的交流电压（电流）变成频率相同的另一种或几种数值不同的电压（电流）的设备。

1. 变压器的火灾及爆炸

　　电力变压器一般为油浸变压器，变压器油箱内充满变压器油，变压器油是一种闪点在140℃以上的可燃液体。变压器的绕组一般采用 A 级绝缘，用棉纱、棉布、天然丝、纸及其他类似的有机物作绕组的绝缘材料。变压器的铁芯用木块、纸板作为支架和衬垫，这些材料都是可燃物质。因此，变压器发生火灾，爆炸的危险性很大。当变压器内部发生短路放电时，高温电弧可能使变压器油迅速分解气化，在变压器油箱中形成很高的压力，当压力超过油箱的机械强度时即产生爆炸；或分解出来的油气混合物与变压器油一起从变压器的防爆管大量喷出，可能造成火灾。

2. 变压器发生火灾和爆炸的基本原因

　　（1）绕组绝缘老化或损坏产生短路。变压器绕组的绝缘物棉纱、棉布、纸等，如果受到过负荷发热或受到变压器油酸化腐蚀的作用，其绝缘性能将会发生老化变质，耐受电压能力下降，甚至失去绝缘作用。变压器安装、检修也可能碰坏或损坏绕组绝缘。由于变压器绕组的绝缘老化或损坏，可能引起绕组匝间、层间短路，短路产生的电弧使绕组燃烧。同时，电弧分解变压器油产生的可燃气体与空气混合达到一定浓度，便形成爆炸混合物，遇火花便发生燃烧或爆炸。

　　（2）线圈接触不良产生高温或电火花。在变压器绕组的线圈与线圈之间，线圈端部与分接头之间、露出油面的接线头等处，如果连接不好，可能松动或断开而产生电火花或电弧。当分接头转换开关位置不正，接触不良，都可能使接触电阻过大，发生局部过热而产生高温，使变压器油分解产生油气引起燃烧和爆炸。

（3）套管损坏爆裂起火。变压器引线套管漏水、渗油或长期积满油垢而发生闪络，电容套管制造不良运行维护不当或运行年久，都使套管内的绝缘损坏、老化，产生绝缘击穿，产生高温使套管爆炸起火。

（4）变压器油老化变质引起闪络。变压器常年处于高温状态下运行，如果油中渗入水分、氧气、铁锈、灰尘等杂质时，会使变压器油逐渐老化变质，降低绝缘性能，当变压器绕组的绝缘也损坏变质时，便形成内部的电火花闪络或击穿绝缘，造成变压器爆炸起火。

（5）其他原因引起火灾和爆炸。变压器铁芯硅钢片之间的绝缘损坏，变压器周围堆积易燃物品出现外界火源，动物接近带电部分引起短路，上述因素均能引起变压器起火或爆炸。

3. 预防变压器火灾和爆炸的措施

（1）预防变压器绝缘击穿的措施：

1）安装前的绝缘检查。变压器安装之前，必须检查绝缘，核对使用条件是否符合制造厂的规定。

2）加强变压器的密封。不论变压器运输、存放、运行，其密封均应良好，为此，结合检修，检查各部密封情况，必要时作检漏试验，防止潮气及水分进入。

3）彻底清理变压器内杂物。变压器安装、检修时，要防止焊渣、铜丝、铁等杂物进入变压器内，并彻底清除变压器内的焊渣、铜丝、铁、油泥等杂物，用合格的变压油彻底冲洗。

4）防止绝缘受损。变压器检修吊罩、吊芯时，应防止绝缘受损伤，特别是内部绝缘距离较为紧凑的变压器，勿使引线、线圈和支架受伤。

（2）预防铁芯多点接地及短路。为防止铁芯多点接地及短路，检查变压器时应测试下列项目：

1）测试铁芯绝缘。通过测试，确定铁芯是否有多点接地，如有多点接地，应查明原因，清除后才能投入运行。

2）测试穿芯螺丝绝缘。穿芯螺丝绝缘应良好，各部螺丝应紧固，防止螺丝掉下造成铁芯短路。

3）预防套管闪络爆炸。套管应保持清洁，防止积垢闪络，检查套管引出线端子发热情况，防止因接触不良或引线开焊过热引起套管爆炸。

4）预防引线及分接开关事故。引线绝缘应完整无损，各引线焊接良好；对套管及分接开关的引线接头，若发现有缺陷应及时处理；要去掉裸露引线上的毛刺和尖角，防止运行中发生放电；安装、检修分接开关时，应认真检查，分接开关应清洁，触头弹簧应良好，接触紧密，分接开关引线螺丝应紧固无断裂。

5）加强油务管理和监督。对变压器油应定期作预防性试验，防止变压器油劣化变质。变压器油尽可能避免与空气接触。

（3）变压器的常规防火防爆措施：

1）加强变压器的运行监视，认真做好巡回检查，特别应注意对引线、套管、油位等部位的检查和油温、声音的监视，变压器不准长期过负荷运行。

2）保证变压器的保护装置可靠投入。变压器运行时，全套保护装置应能可靠投入，所配保护装置应动作准确无误，保护用直流电源应好可靠，确保故障时，保护正确动作跳闸，防止事故扩大。

3）检查油冷却装置运行情况是否正常，备用冷却装置应完好。

4）遇异常天气（大风、雷雨、雾天、下雪等），应根据现场具体情况，增加检查次数。

5）加强对变压器油的运行维护，保持油的良好性能。变压器常年处于高温状态下运行，如果油中渗入水分、氧气、铁锈、灰尘和纤维等杂质时，会使变压器油逐渐老化变质，降低绝缘性能。当变压器绕组的绝缘也损坏变质时，便形成内部的电火花闪络或击穿绝缘，造成变压器爆炸起火。变压器运行中应坚持油色谱跟踪，当发现油中产生乙炔大幅度上升时，应立即将变压器停运检查。轻、重瓦斯保护同时动作，经气体化验属于可燃气体时，变压器也应停运检查。

6）变压器附近应保持清洁无可燃物品，装设的消防设施应完好可靠，存放的灭火器材应充足。

7）设置事故排油坑。蓄油坑有足够厚度和符合要求的卵石层。蓄油坑的排油管道应通畅，应能迅速将油排出。

8）建防火隔墙或防火防爆建筑。室外变压器周围应设围墙或栅栏，以防火灾蔓延；室内变压器应安装在有耐火、防爆的建筑物内，并设有防爆铁门。若防火距离达不到规定时，应设置防火隔墙。防火隔墙应符合以下要求：① 防火隔墙高度宜高于变压器油枕顶端 0.3m。② 防火隔墙与变压器散热器外缘之间必须有不少于 1m 的散热空间。③ 防火隔墙应达到国家一级耐火等级。油量为 2500kg 及以上的室外变压器之间，如无防火墙，则防火距离不应小于下列规定：① 35kV 及以下 ≥5m；② 63kV≥6m；③ 110kV≥8m；④ 220~500kV≥10m。

9）设置消防设备。变压器容量在 120MVA 及以上时，宜设固定喷雾灭火装置。缺水地区的变电站及一般变电站宜用固定的 1211、二氧化碳或排油充氮灭火装置。室内可采用自动或遥控水雾灭火装置。

（4）变压器检修维护中的防火要求：

1）变压器防爆膜应采用适当厚度的玻璃和层压板等脆性材

料制成，不得用铅皮、铜皮等韧性材料代替。

2）对分接开关可能产生悬浮电压的拔叉，应采取等电位连接。无载分接开关操作杆应有防悬浮电位引起局部放电的措施。

3）新更换的套管应有局部放电测试记录，并进行微水分、油色谱、介质损耗、电容量、局部放电等测定，合格后才能投入使用。

4）在变压器附近使用喷灯、电焊、气焊等明火作业时火焰与导电部位距离应符合如下规定：① 10kV 及以下，大于 1.5m；② 10kV 以上，小于 3m。并应办理动火工作票，动火现场应设置一定数量的消防器材。

5）进行变压器干燥时，工作人员必须熟悉各项操作规程，事先做好防火安全措施，并防止加热系统故障和绕组过热烧坏变压器。

6）变压器放油后进行电气试验，如测量直流电阻或通电试验，要严防因感应高压或通电时发热，引燃油、纸等绝缘物。

7）在变压器吊检时，一定要防止碰伤、踩伤、扭伤绝缘。特别是从人孔进入内部检查时，因内部空间较小，而引线较多时，不得碰撞或蹬踩。检修中要严防杂物遗留在变压器内。

4. 电力变压器火灾的扑救

（1）当发现变压器起火后，应立即组织人员进行扑救，同时向有关领导和消防机构报警。

（2）检查起火变压器所连接的开关设备是否已自动切断，若未切断，应立即将起火变压器所有高、低压侧断路器和隔离开关全部切断，以便对火灾扑救。变压器

失火时，在发电机灭磁和停转之前严禁靠近变压器进行灭火，灭火时应满足安全距离的要求。

（3）停止变压器冷却器的运行并切断电源。室内变压器应停止通风系统运行，切断通风电源，减少空气流通。

（4）如果套管闪络或破裂，变压器的油溢至顶盖上着火，则应设法打开变压器下部的放油阀，将油放入储油坑内，使其油面低于破裂处。开启放油阀时，应用喷雾水枪对变压器外壳冷却并与操作人员隔离，以防变压器爆炸而危及操作人员的人身安全。操作人员应戴防毒面具，穿防火耐火服。同时，对起火的变压器应迅速使用喷雾水枪、干粉灭火器、1211灭火器或中型泡沫车等进行扑救。

（5）当变压器内确实有直接燃烧的危险或外壳有爆炸的可能时，必须在采取可靠安全防护措施的前提下，用喷雾水枪喷洒变压器外壳冷却变压器，喷水强度应符合规范要求。变压器

冒烟停止后，还应继续对变压器进行喷水冷却，延长时间应在15min 左右。在这种情况下不应开放油阀，防止内部出现油气空间，形成爆炸性混合物引起爆炸。

（6）如果变压器外壳破裂，喷油燃烧，应采用喷雾水、泡沫（或1211）、黄砂进行灭火，并应设法将油流导入储油池。池内和地上油火应用大量泡沫灭火剂扑救。对于有可能被变压器火势波及的其他设备，应及时采取隔离或停电措施。变压器喷出的着火油流应采用砂土堵挡，防止进入电缆沟内。若电缆沟内已蔓延油火，应立即用砂土、泡沫覆盖，将火扑灭，并堵死油流。

（7）当变压器着火并威胁到装设在其上方的电气设备，或当烟雾、灰、油脂污染或飞落到正在运行的设备和架空线上（如升压站、开关站等）时，则应断开这些设备的电源。同时采取其他的隔离防护措施。对相邻设备有威胁时，应开启防火墙的水幕装置或采用多支水枪在设备之间形成隔离水幕。

（8）大型变压器和洞内变压器应装设固定式水喷雾、1211、泡沫喷雾等灭火装置，以便迅速而有效地扑灭变压器火灾。

事故案例

某电厂 55PSL-90000/220 主变压器，因油位低，带电从下部补油。在正常运行电压下相南压绕组发生层间短路，绕组内侧多处损坏。经查发现绕组内部有电焊渣、砂、石等杂物。

事故案例

某水电站 SSPSL-90000/220 主变压器，因冷却器铜滤网被油流冲破，在正常运行时，重瓦斯突然跳间，B 相绕组中部上端饼烧坏。解体后发现每一绕组上都有 1~3cm 长的碎铜丝。

事故案例

某变电站一台 500kV 电力变压器，型号为 DFPFS-250000/500，由于变压器在设计上存在问题，变压器在制造中吊装时绕组受到机械侵击，绝缘受损，内部杂物过多。变压器投运后，在气候正常，系统无波动的情况下，发生了绕组烧毁、变压器爆炸的事故。事故情况如下：运行中突然发生事故信号，变压器一、二次侧断路器均跳闸。经检查，变压器重瓦斯保护动作并发信号，两套大差动保护动作并发信号；故障时间 700ms；检查变压器本体，发现防爆器、钟罩、套管、引线等处破裂，严重喷油，部分螺栓烧坏；变压器内部检查，发现部分部件严重损坏，绝

缘烧焦, 绕组部分烧露铜, 还发现器内有 4 束长 45mm 的多股金属丝编织物、少量金属颗粒、300mm×400mm 破布一块和较多的杂物。

事故案例

1997 年, 某发电厂两台高压厂用变压器着火, 原因是对碎煤机开关送电时插头接触不良产生弧光引起 6kV I 段母线短路, 导致 1 号高压厂用变压器套管爆炸起火, 3 台机组全停。在扑救 1 号高压厂用变压器火灾时, 未及时切断电源, 带电扑救火灾, 错用泡沫灭火器, 导致 1 人死亡、4 人重伤、6 人烧伤。

第六节 电　　缆

在电力生产中, 电缆的应用十分广泛, 数量很大, 尤其是在发电厂和变电站中, 电缆的配置数量相当可观, 一座容量为 10 万 kW 的中型火力发电站, 使用电缆的长度可达 70 000m。

电缆的外裸材料为橡胶、塑料、布等为丙类火灾危险的可燃烧体, 而且是以沟道、桥架、竖井及悬挂的形式进行敷设, 连通全厂各处的电力设备。一旦电缆着火, 就会造成严重的火灾蔓延, 并引发停产、停电事故。而且电缆一旦着火, 事故中扑救难, 事故后修复也难。电缆火灾给安全生产造成极大的危害。

一、电缆燃烧的特点

(1) 在一般的情况下, 是以爆炸形式起火燃烧的。电缆着火后，顺着电缆线，呈线形燃烧，像快速点燃的蚊香，烟大火小速度慢。

（2）电缆着火，烟雾弥漫，故障点寻找难。此种燃烧起初发生在电缆的某一段，若发生在电缆层、沟内或隐蔽处，难以找到着火点。极易扩大成灾。

（3）一般电缆布置比较密集，单根电缆爆炸着火后，形成的带火流胶，浇向相邻近的其他电缆，许多电缆就这样被点燃，相继短路爆炸，引起连锁反应，造成事故扩大。

（4）电缆燃烧会产生大量的浓烟和有毒气体，电缆烟气不仅会破坏电气设备的，造成设备的短路，而且威胁人的生命安全。

二、电缆火灾的主要原因

电缆着火的原因可分为两大类：一类是电缆自身引起的，另一类是外界因素引起的电缆着火。

1. 电缆起火的内部原因

（1）短路。电缆内部由于各种原因相接和相碰，产生电流突然增大的现象叫短路。一般有相间短路和对地短路两种。相线之间相碰叫做相间短路；相线与地线相碰，或相线与接地导体相碰，或相线与大地直接相碰，叫做对地短路。电缆发生短路的主要原因有：

1）使用电缆没有按具体环境选用，使绝缘受到高温、潮湿或腐蚀等作用的影响，失去了绝缘能力；

2）绝缘层老化或受损，使线芯裸露；

3）电源过压，使电缆绝缘被击穿。

（2）过载。电缆中允许连续通过而不使电缆过热的电流量，称之为安全载流量或安全电流，电缆流过的电流超过安全电流值就叫过载，过载即是超负荷。当过载时，会使绝缘加速老化，甚至损坏，引起短路火灾事故。发生过载的主要原因有：

1）电缆截面选择不当，实际负载超过了电缆的安全载流量；

2）在线路中接入了过多或功率过大的电气设备，超过了电缆的负载能力。

（3）接触电阻过大。电缆连接时，在接触面上形成的电阻称之为接触电阻。电缆接头是电缆火灾产生最常见的重要部位，接头处理良好，则接触电阻小。若连接不牢或选用密封绝缘材料的质量如果不符合要求，使接头接触不良则会导致局部接触电阻过大，在电力运行中接头就会氧化、过热，使金属变色甚至融化，引起绝缘材料中可燃物燃烧。在电缆火灾的自身原因中，电缆接头的问题占 70%。发生接触电阻过大的主要原因有：

1）安装质量差，造成电缆与电气设备衔接连接不牢。连接处沾有杂质，如氧化层、泥土、油污，连接点由于长期震动或冷热变化，使接头松动。

2）铜铝混接时，由于接头处理不当，在电腐蚀作用下接触电阻会很快增大。

3）电缆的保护绝缘体受机械损伤，引起电缆相间的绝缘击穿而发生电弧，使电缆的绝缘材料起火燃烧。

4）电缆长时间过负荷运行，使电缆绝缘过热或干枯，造成绝缘性能的下降，在一段电缆上发生多处击穿着火。

2. **电缆火灾的外部原因**

外界火源和热源引起电缆火灾事故。如电焊的熔渣掉在电缆的杂物上，而将电缆引燃；制粉系统安全门爆破引燃电缆；锅炉跑正压后大量火星喷出掉在电缆上引燃电缆；电缆上积粉尘未及时清除长期聚热不散引燃电缆等。此外还有火灾蔓延、粉尘自燃、高温烘烤或其他火种等原因。

三、电缆火灾的防火措施

（1）所有穿越墙壁、楼板和电缆沟道而进入控制室、电缆夹层、控制柜及仪表盘等处的电缆孔洞，电缆廊道的端部，电缆竖井的底部入口处及上端穿越楼板处均应进行封闭。

（2）开敞的电缆沟应用完整、坚固的盖板盖好。电缆层、沟内应保持清洁，不准堆放杂物和垃圾，附近有明火作业时，应采取措施防止火种进入电缆层、沟内。

（3）敷设电缆应避免接近热源，避免与蒸汽管道平行或交叉，热管道的隧道或沟内，不能敷设电缆，如需敷设，应采取隔热措施。

（4）关注电缆终端与接头的装置状况和运行情况，进行"特级"的护理，并逐一登记做好记录。

（5）根据电缆的环境特点和重要性程度，给合运行可靠、维护方便和经济合理的原则，在可能的情况下，选用具有难燃性的电缆。

（6）增设火灾自动报警和专用消防装置。

（7）严格按照有关规程，定期对运行的电缆进行检查、试验和检修，层沟内的照明及消防设施应经常保持良好状态。

总而言之，做好电缆的阻火分隔和孔洞封闭是保证电缆安全运行隔绝火源避免事故扩大的有力措施。

四、电缆火灾的扑救

发生火灾后，往往造成成群电缆燃烧，导致火灾迅速蔓延扩大，燃烧过程中还伴随着大量有毒烟雾产生，给火灾扑救工作带来很大困难。

事故案例

　　1984年11月16日，日本东京都世田谷地下电缆沟发生火灾，消防队员奋战17h才将大火扑灭，火灾烧毁直径7cm的通信电缆98条，长度达164km，98 000条电话线中断，使全市通信网络陷入瘫痪状态。

　　可见，电缆一旦着火发生火灾，不仅会造成一定的经济损失，而且在社会上也会造成很大的影响，做好电缆火灾的预防工作至关重要。

　　（1）切断起火电缆电源。电缆着火燃烧，无论何原因引起，都应立即切断电源，然后，根据电缆所经过的路径和特征，认真检查，找出电缆的故障点，同时应迅速组织人员进行扑救。

　　（2）电缆沟内起火非故障电缆电源的切断。当电缆沟中的电缆起火燃烧时，如果与其同沟并排敷设的电缆有明显的着火可能性，则应将这些电缆的电源切断。电缆若是分层排列，则首先将起火电缆上面的受热电缆电源切断，然后将与起火电缆并排的电缆电源切断，最后将起火电缆下面的电缆电源切断。

　　（3）关闭电缆沟隔火门或堵死电缆沟两端。当电缆沟内的电缆起火时，为了避免空气流通，以利迅速灭火，应将电缆沟的隔火门关闭或将两端堵死，采用窒息的方法灭火。

　　（4）做好扑灭电缆火灾时的人身防护。由于电缆起火燃烧会产生大量的浓烟和毒气，扑灭电缆火灾时，扑救人员应戴防毒面具。为防止扑救过程中的人身触电，扑救人员还应戴橡皮手套和穿上绝缘靴，若发现高压电缆一相接地，扑救人员应遵守：室内不得进入距故障点4m以内，室外不得进入距故障点8m以内，以免跨步电压及接触电压伤人。救护受伤人员不在此限，但应采取防护措施。

（5）用水灭电缆火灾，应选用喷雾水枪。如果燃烧猛烈，待切断电源后，向沟内灌水熄火。

（6）扑救电缆火灾时，扑救人员离故障点应在5m以上，并戴上防毒面具、套上橡皮手套、穿上绝缘靴。

（7）扑灭电缆火灾应采用灭火机灭火，如干粉灭火器、"1211"灭火器、二氧化碳灭火器等。也可使用干砂或黄土覆盖。如果用水灭火，最好使用喷雾水枪。若火势猛烈，又不可能采用其他方式扑救，待电源切断后，可向电缆沟内灌水，用水将故障封住灭火。

（8）扑救电缆火灾时，禁止接触和移动电缆，特殊情况必须用水带电灭火时，切记应在水枪头上，牢固地安装接地线，持枪者手的位置应在地线后，然后根据水压尽量远距离，放水扑救。

由于电缆的绝缘层是由纸、油、麻、橡胶、塑料、沥青等各种可燃物质组成的，因此，电缆起火是比较平常的事，但只要人们注意预防，电缆起火的可能性还是比较小的。

事故案例

1991年11月18~30日仅半个月时间华北电网相继发生了石景山、陡河、神头电厂三起电缆火灾事故，烧损大量电缆造成7台20万kW机组长时间停运，损失巨大。

事故案例

1996年3月26日，盘山电厂1机组由于给水泵6kV电缆接头短路爆破，使410多根电缆烧损，造成1机组打闸停机事故。

事故案例

　　1999 年 6 月 28 日，牡丹江第二电厂室外电缆沟发生电缆着火，将沟内部分电缆烧损，220kV 失灵保护电缆线芯短路，造成 3 台机组全部跳闸，致使发电厂与电网解列，失去外来电源，导致全厂停电事故。其原因是一条 220kV 动力直流电缆存在缺陷，绝缘击穿，短路拉弧并引燃周围电缆，由于封堵不严扩大事故。

事故案例

　　1988 年，某水电厂两次由于电焊火花掉入电缆沟内，引起沟内可燃物造成电缆着火，共破坏电缆14 000 根，直接经济损失达 10 多万元。

五、预防电缆火灾事故发生的措施

1. 设计方面

　　（1）在新建、扩建工程中的电缆选择与敷设应按（GB 50229—1996）《火力发电厂与变电所设计防火规范》和（DL 5000—2000）《火力发电厂设计技术规程》中的有关部分进行设计，严格按照设计要求完成各项电缆防火措施，并与主体工程同步投产。

　　（2）新建、扩建机组应采用满足 A 类燃烧试验条件的阻燃型电缆，对于重要回路如直流油泵、消防水泵及蓄电池直流电源线路等，采用满足 A 类耐火强度试验的耐火型电缆。

　　（3）主厂房内架空电缆与热体管路应保持安全的距离，即控制电源不小于 0.5m，动力电缆不小于 1m。在密集敷设电缆的主控室下电缆夹层和电缆沟内不得布置热力管道、油气管以及其他可能引起着火的管道和设备。若电缆过于靠近蒸气热体及缺乏有效隔热措施，将加速电缆绝缘的老化，容易发生电缆绝缘击穿，造成电缆短路着火。蒸气管道泄漏、油系统着火及油泄漏到高温管路起火等也将会引起附近的电缆着火。

（4）在新装和更换电缆时要选择合格的正规厂家生产的电缆，在发电机组主厂房、输煤、燃油及易燃易爆场所，应选用阻燃电缆。电缆火灾事故表明，普通电缆尤其是塑料电缆容易着火，着火后蔓延迅速，火势凶猛，波及面大而且产生大量有毒气体，给扑救工作带来困难。

2. 施工方面

（1）要严格按正确的设计图纸施工，做到步线整齐，各类电缆按规定分层布置，电缆的弯曲半径应符合要求，避免随意交叉并留出足够的人行通道。控制室、开关室、计算机室等通往电缆夹层、隧道、穿越楼板、墙壁、柜、盘等处的所有电缆孔洞和盘面之间的缝隙（含电缆穿墙套管与电缆之间缝隙）必须采用合格的不燃烧阻燃材料封堵。

（2）电缆竖井和电缆沟应分段做防火隔离，对敷设在隧道和厂房内构架上的电缆要采取分段阻燃措施。

（3）靠近高温管道、阀门等热体的电缆应有隔热措施，靠近带油设备的电缆沟盖板应密封。

（4）应尽量减少电缆中间接头的数量。如需要应按工艺要求制作安装电缆头，经质量验收合格后再用耐火防爆槽盒将其封闭。动力电缆中间接头若制作工艺不良，长时间运行后容易开裂，接头受到氧化和潮湿，绝缘水平下降，进而发生电缆中间接头接地短路和爆破，损伤和引燃周围其他电缆，造成电缆着火事故。

3. 运行方面

（1）要建立健全电缆维护，检查及防火、报警等各项规章制度，坚持定期巡视检查，对电缆中间接头定期用红外线检测仪进行测温，并做好记录。

（2）电缆沟应保持清洁，不积粉尘，不积水，安全电压的照明充足，禁止堆放杂物，及时清除电缆上的积粉杂物和及时清除电缆周围的脚手架和可燃材料，防止积粉自燃而引燃电缆，对易燃的重要部位的电缆加装防火槽盒等，以免起火蔓延到电缆。

（3）要加强电缆异动管理，电缆负荷增加一定要进行校核，防止因电缆长期超负荷。而导致寿命缩短和事故率上升。

（4）要按期对电缆进行测试，发现问题及时处理，尤其是在夏季要特别注意散热条件差的部位电缆发热情况。汽轮机机头附近，锅炉出渣处、锅炉及磨轧机出入口防爆的泄压喷头，不得正对着电缆，否则必须采用罩盖封闭式槽盒的措施。

（5）为了预防电缆中间接头爆破和防止电缆接头火灾事故扩大，可加装电缆中间接头温度在线监测和感烟报警系统对电缆中间接头温度实施在线监测，使人们可根据电缆中间接头温度变化来判定接头是否存在爆破的可能，起到对电缆接头爆破早期预警作用，感烟报警系统可及时发现火情，避免事故扩大。

事故案例

　　牡丹江第二发电厂在发生电缆着火导致全厂停电恶性事故后，加装了电缆中间接头温度在线监测和感烟报警系统，结果在运行中有两次发现中间接头温度超温报警，经检查发现接头处绝缘开始老化，经及时处置，避免发生了电缆火灾事故，有效的实现了预防的目的。

4. 消防方面

针对电缆集中地方，如电缆夹层、电缆隧道、桥架的部位，应加装自动灭火的 CO_2 灭火系统、气溶胶灭火系统、干粉灭火系统等。

也可选用加装火灾探测灭火器（即消防包），该灭火器在喷嘴部位有感温玻璃泡，在正常情况下，玻璃泡上端顶住喷嘴，起火时温度升高，玻璃泡内液体膨胀使玻璃泡胀碎，灭火剂喷出，进行灭火。灭火器开始喷射时玻璃泡动作温度为始喷温度，一般其设计值定有57、68、79℃及93℃四种起爆温度线。

第四章

热力设备灭火规则及防火防爆措施

第一节 煤场及输煤设备系统

一、原煤及煤粉的燃烧爆炸特性

火力发电厂中，燃煤作为发电生产的主要原料，在生产过程中起着至关重要的作用，因其具有燃烧爆炸的特性，在燃煤的运输、装卸、储存过程中，防火防爆是一项重要的安全工作之一。

火力发电厂中，防火防爆是重要的安全工作！

原煤具有自燃和爆炸的特性。原煤、煤粉积存时间较长以后会与空气中的氧气产生化学反应，温度升高自燃。煤粉在空气中达到一定的浓度还会产生爆炸现象。

影响煤粉燃烧爆炸的因素很多，比如：挥发份含量、煤粉细度、气粉混合物浓度等。

一般来说，挥发份含量越高，自燃、爆炸的可能性越大。贫煤一般无爆炸危险，而烟煤很容易自然爆炸。

煤粉越细越容易自然和爆炸。比如烟煤粒度大于 0.1mm 时，几乎不会爆炸，因此，挥发份大的煤不能磨的过细。

煤粉的浓度也是影响煤粉爆炸的重要因素。试验证明，煤粉的爆炸浓度为 $1.2 \sim 2.0 \text{kg/m}^3$。

煤粉的燃烧爆炸和煤粉的湿度有关，湿度越大，燃烧爆炸的可能性越小。

二、容易发生燃烧爆炸的位置

容易发生燃烧爆炸的位置为：储煤场、原煤仓、输煤皮带、除尘器、输煤皮带间地面、锅炉制粉系统地面、煤粉仓、粗细粉分离器、磨煤机、一次风管等处。

煤粉的自燃现象一般发生在煤场、原煤仓、煤粉仓等处，也可能发生在输煤皮带、除尘器、地面。如果输煤制粉设备、地面等处积粉积煤不及时清理，积粉自燃后会烧坏输煤皮带、锅炉制粉设备、设施，地面自燃的积煤、积粉还会造成因误踩误踏造成的人员烧烫伤事故。此外，锅炉制粉系统运行中，由于煤粉是由输送煤粉的气体和煤粉混合成的云雾状的混合物，它一旦碰到火花会使火源扩大，在一定浓度下造成气粉混合物的爆炸，因此造成设备严重损坏，甚至发生人身伤亡事故，还有的因制粉系统防爆门爆破引起电缆着火而扩大事故。因此一定要做好制粉系统防火、防爆工作，防止和减少制粉系统着火爆炸的发生，杜绝由此造成的设备损坏及人身伤亡事故。下面，是几起积粉自燃着火事件：

事故案例

1. 事故经过

1992年1月15日，某发电厂两台200MW机组运行，3时40分，燃料运行值班人员王某某等4人进厂时发现从3段皮带栈桥头部窗口向外冒烟，即到输煤集控室向值班员霍某、智某2人报告，智某随即到2楼向车间值班人员朱某某报告，报火警、启动消防水泵，3时55分，消防队到达现场，此时3段乙皮带上积煤和门窗均已着火，5时50分，大火扑灭。

2. 事故原因

（1）导致此次事故直接原因是3段乙皮带积煤自燃引起。

（2）电厂所用的燃煤发热量高，挥发份高（28%~31%），积煤自然。

3. 暴露问题

（1）两票三制执行不认真。交班前交班人员不检查设备，也未认真交底，接班人员接班后不按规定巡检设备。

（2）现场规程不健全。比如没有设备定期轮换试验制度，现场设备定期清扫制度等。

（3）设备缺陷处理不及时，3段乙皮带磁力除铁器电机烧损，长期不进行处理，造成该段皮带长期停运。

（4）燃用高挥发分煤的情况下，3段皮带栈桥未设计水冲洗设施，皮带除尘器不能正常投入使用。

4. 防范措施

（1）加强除尘设备的检修及管理，保证除尘设备的正常投运行。

（2）制订卫生清扫制度、设备定期轮换试验制度，定期清理皮带积煤积粉或水冲洗，确保生产现场文明卫生。

（3）及时处理设备缺陷，防止设备长期停运造成的积煤积粉。

（4）建立岗位责任制，加强设备巡检，及时发现设备异常及时处理。

事故案例

1. 事故经过

1995 年 11 月 22 日 0 时 50 分，输煤三班乙班 1 段值班员接班前检查设备时，发现卸煤室煤仓内冒烟，汇报了班长，班长潘某某在接班后用电话分别通知了各段，提出上的是煤场煤（即挥发份较大的褐煤），要求各段注意防火，22 日 1 时 40 分，6 段值班员要求上煤，班长用警铃通报各段启动设备，其中 5 段乙皮带运行，5 段甲皮带备用。在上煤过程中，各段烟和粉尘较大，煤中夹有燃着的煤块、火星。

2 时 10 分，上煤结束，值班员吕某某简单检查了一下 5 段乙皮带尾部去吃饭，在现场休息的陆某感觉到有呛人的烟味，并发现甲皮带处烟量增大，伴有火光意识到皮带着火，汇报班长，拨打火警电话组织救火。4 时左右，大火被彻底扑灭。

本次着火结束，因 5 段皮带着火无法上煤，停运机组一台。

2. 事故原因

此次事故的直接原因是挥发份较大的褐煤与空气接触自然，在上煤过程中，上了夹有自然的煤块至5段乙皮带上，同时5段乙皮带上自然的煤块掉落到5段甲皮带，引燃甲皮带。

5段甲皮带积粉严重未及时清理也是引起本次火灾的重要原因。

未按规定对设备定期进行定期轮换运行，导致5段甲皮带长时间停运也是本次火灾事故的重要原因。

3. 暴露问题

（1）运行班组执行"三制"不认真，规章制度流于形式工。

（2）5段皮带间的清理没有水冲洗设备，积粉清除不彻底，给煤粉着火提供有利条件。

（3）未使用阻燃皮带。

（4）生产管理不严格，对输煤皮带燃烧爆炸的危险性认真不足，5段皮带未轮换运行。

4. 防范措施

（1）发现皮带上有带火种的煤时，应立即停止上煤，并查明原因及时消除，并切换输煤系统。值班人员不得离岗。

（2）及时清除输煤皮带上、下积煤积粉，保证输煤系统的干净整洁。

（3）安装水冲洗设施，确保积粉的彻底清理。

（4）更换皮带为阻燃皮带。

（5）加强燃料输煤的监督管理，完善管理制度，监督检查执行情况。

三、煤场、输煤设备系统的防火防爆措施

1. 设计、制造及安装

（1）储煤场的地下，禁止敷设电缆、蒸汽管道，易燃、可燃液体及可燃气体管道。

（2）封闭式室内储煤场应设置通风和手动喷水设施。储存容易自燃的煤种时，应设置烟气及可燃气体浓度检测设施，电气设施应采用防爆型。

（3）燃用褐煤或易自燃的高挥发分煤种的电厂应采用难燃材料的输煤皮带。卸煤装置、筒仓、煤斗、落煤管等设备的内衬应采用不燃材料。

（4）露天煤场与建筑物、铁路均应保持一定的防火距离。

2. 检修与运行

（1）原煤应成型堆放，不同品种的原煤应分类堆放。若需长期堆放的原煤，则应分层压实，时间视地区气温而定。易自燃的高挥发分煤种的煤不宜长期堆存，必须堆存时，应有防止自燃的措施，并经常检查煤堆内的温度。当温度升高到60℃ 以上时，应查明原因并立即采取措施。

（2）对长期不用或停运的龙门吊煤机、斗轮机等应尽量停放在煤堆较低处。

（3）煤场存煤应及时倒烧，防止存煤积煤自燃。

（4）储存易自燃煤种，应定期清除附在储煤场内壁上的煤，防止积煤自燃。

（5）锅炉停用时间较长时，应将煤仓内原煤烧尽，防止积煤。对长期停用的原煤仓、输煤皮带系统（包括煤斗、落煤管和除尘用的通风管）的积煤、积粉应清理干净，皮带上不得有存煤，以防积煤、积粉自燃。

（6）输煤皮带上空附近和原煤仓格栅动火，应办理动火工

作票，做好隔离措施。

（7）定期清扫输煤系统、辅助设备、电缆排架等各处的积粉。加强输煤皮带的巡检，发现积煤、积粉及时清理。

四、煤场、输煤设备系统的灭火规则

（1）储煤场煤堆着火用水扑救，不得将带有火种的煤送入输煤皮带。

（2）皮带着火应立即停止皮带运行，用固定灭火装置灭火。如果没有固定的灭火装置或灭火装置发生故障而不能使用时，用现场灭火器材或用水从着火两端向中间逐渐扑灭，同时可采取阻止火焰蔓延的措施，如在皮带上覆盖砂土等。

（3）原煤仓着火应立即用惰性气体灭火装置灭火，如果没有固定的灭火装置或灭火装置发生故障而不能使用时，用雾状水或泡沫灭火器灭火。煤仓内有自燃或冒烟现象时，禁止入内。

（4）发现地面积粉自燃时，应用喷壶或其他器具把水喷成雾状，熄灭着火的地方。不得用压力水管直接浇注着火的煤粉，以防煤粉飞扬引起爆炸。

下面列举违章作业造成的火灾爆炸事故：

事故案例

1. 事故经过

1994年4月8日13时30分，某发电厂燃料分场#2转运站底部11m处由本厂多经公司检修队承包更换落煤管。此时，在3段A落煤管平台上切割螺丝的一名检修工闻到一股烟味，经检查发现正在焊接的3段B落煤管口下方的皮带着火，并在蔓延，马上喊其他检修工一起救火，并报警。1h后大火被扑灭。

2. 事故原因

焊接的高温焊渣溅落在可燃的皮带上，致使皮带着火造成火灾，是一起违章作业的责任事故。

3. 暴露问题

（1）工作人员安全意识淡薄，在皮带上焊接作业，未采取有效的安全隔离措施。

（2）在皮带上焊接未执行动火工作制度，现场灭火器材未及时配置。

（3）对外包工程作业监护不到位，以包代管现象。

4. 防范措施

（1）加强职工的安全教育培训，提高职工安全意识。

（2）严格监督执行各项安全生产规章制度，在输煤皮带上等动，执行动火工作制度，做好动火前的安全措施。

（3）加强外包工程的安全管理，加强现场作业的监护，严禁以包代管。

（4）现场配备足够的消防器材，使其随时处于良好的备用状态。

（5）皮带停止运行及时清理积煤，防止因积粉自燃引发的火灾。

（6）严格执行设备巡检制度，及时发现异常及时处理。

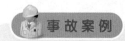 事故案例

1. 事故经过

2007年2月4日9时00分，2号圆型堆取料机停运状态，1号圆型堆取料机及A路卸煤系统正在运行，燃料运行人员巡检卸煤系统到2号圆型堆取料机堆料皮带，发现皮带缓冲床冒烟，有橡皮烧焦味，并发现有电一建施工人员正在进行焊接作业，立即汇报当班主值，拨打火警电话，并用灭火器、水进行灭火，停止正在运行中的1号圆型堆取料机及A路卸煤系统，组织班员进行灭火；9时10分，消防队到达现场参加灭火；9时30分大火全部扑灭。

2. 事故原因

直接原因是电焊工在用气割切割堆料皮带缓冲床支架时，焊渣掉在缓冲床皮带上，引起皮带着火。

电一建施工人员无票进行2号圆型堆取料机堆料皮带缓冲床动火作业，且未采取任何安全措施，违章作业是造成这次火灾事故的主要原因。

3. 暴露问题

1）施工队无票作业，未遵守电厂动火作业的有关规定，职工安全意识差。

2）电厂对外包工程管理不到位，作业未进行监护。

3）2号圆型堆取料机堆料皮带层未安装消防水系统，存在消防死角。

4. 防范措施

（1）严格执行工作票、动火工作票制度，加强职工安全培训。

（2）加强对外包工的安全教育，加强对外包工的安全管理。

（3）在2号圆型堆取料机堆料皮带层安装消防水系统，消除消防死角。

事故案例

1. 事件经过

2004年2月5日上午，为防止C7A、B皮带机尾部导料槽内的导流板脱落，避免皮带划伤撕裂事故，检修班对导流板进行了加固焊接，并于11时00分结束。12时45分，运行四班巡检人员罗某巡检到C7A时，发现C7A能否槽出口处有火星，立即停止C7A皮带运行，通知控制室人员，汇报班长继续检查输煤系统，发现B碎煤机下C7B导流板焊缝周围有明火，迅速进行扑救，将着火点扑灭。

2. 事件原因及暴露问题

此次着火事件的直接原因是因检修人员在焊接落煤管导料槽导流板时，未对导流板焊接点四周的粘煤进行彻底清理，工作结束后，也未对焊缝的温度进行降温处理，造成热源失控，且使用易自然的煤种，致使焊口周围黏煤自然。

虽然办理了动火工作票，但未能严格执行。检修人员安全意识淡薄，也是着火的重要原因。

3. 防范措施

（1）组织全体员工学习动火工作票制度，并严格执行。

（2）针对易自然煤种的特性，结合现场的实际情况，制定一个安全可靠的动火流程作业标准，严格规范指导动火作业。

（3）加强职工安全培训，提高职工安全意识。

第二节　制　粉　系　统

一、制粉系统防火防爆措施

1. 设计、制造及安装

（1）制粉系统应装有足够的防爆门，防爆门排放口的方向、位置应避免防爆门动作时不致烫伤工作人员，也不应朝向电缆、电缆桥架。

（2）煤粉仓应装置固定的灭火系统，如蒸汽灭火、二氧化碳灭火或氮气灭火装置，平时要保持完好，并定期试用。

（3）测量煤粉仓粉位的浮筒应由非铁质材料制成。

（4）煤粉仓应装有温度测点并安装报警装置。

2. 运行与检修

（1）在起动制粉设备前，必须仔细检查设备内外是否有积粉自燃现象，若发现有积粉自燃时，应予清除，然后方可起动。

（2）运行中的制粉系统不应有漏粉现象。制粉设备的厂房内不应有积粉，积粉应随时清除。

（3）禁止在制粉设备附近吸烟或点火。不准在运行中的制粉设备上进行焊接工作。如需在运行中的制粉设备附近进行焊接工作，必须采取必要的安全措施，并得到生产领导的批准。

（4）在停用的制粉系统动火作业，必须清除其积粉，及采取可靠的隔离措施，并执行动火工作票制度。在有煤粉尘的场所动火，应测定粉尘浓度合格，并办理动火工作票后方可进行动火作业。

（5）禁止把制粉系统的排气排到不运行的或正在点火的锅炉内，也不准把清仓的煤粉排入不运行的锅炉内。

（6）制粉设备检修工作开始前，应将有关设备内部积粉完全清除，并与有关的制粉系统可靠地隔绝。如需进入内部工作时，应将有关人孔门全部打开（必要时应打开防爆门），以加强通风。

（7）中间储存式锅炉制粉系统，在停炉检修前，煤粉仓内煤粉必须用尽。直吹式锅炉制粉系统，在停炉或给粉机切换备用时，应先将该系统煤粉用尽。

（8）每次大修煤粉仓应清仓，并检查煤粉仓内壁是否光滑，有无积粉死角。粉仓顶盖四角拼缝应能符合承受一定的爆炸压力的设计要求。

（9）给粉机应有定期切换制度。避免在停用的给粉机入口处出现积粉自燃。清除给粉机进口积粉时，严禁用氧气或压缩空气吹扫，应注意防止自燃的煤粉伤人。

（10）手动测量煤粉仓粉位时，仓内浮筒应缓慢升降，以免撞击仓壁产生火花，发生煤粉爆炸。

（11）清理煤粉仓煤粉时，煤粉仓内必须使用防爆行灯。铲除积粉时，工作人员应穿不产生静电的工作服，使用铜质或铝制工具，不得带入火种，禁止用压缩空气或氧气进行吹扫。

（12）经常检查煤粉仓、绞笼（螺旋送粉器）吸潮管有无堵塞，吸潮管应加装保温，吸潮门开度应使粉仓负压保持适当的数值。

（13）煤粉仓外壁应加装保温，避免低温下煤粉结块造成在煤粉仓内流动不畅。

（14）在清扫磨煤机积粉时，严禁在煤粉温度没有下降到可燃点以下时打开人孔门清扫。

（15）应定期对运行中制粉系统的防爆装置进行定期检查和维护。防爆装置动作后应立即检查及清除周围火苗与积粉。

（16）严格控制磨煤机出口温度及煤粉仓温度，其温度不得超过煤种要求的规定。

二、制粉系统灭火规则

（1）煤粉仓发生着火，不得用压力水管向煤粉仓直接进行喷射。粉尘浓度较大、积粉较多的场所发生着火，应采用雾状水灭火。

（2）发现煤粉仓煤粉自燃，应停止向煤粉仓送粉（严禁漏粉），关闭粉仓吸潮管，进行彻底降粉。如采取迅速提高粉位（包括同时由邻炉来粉）进行压粉的措施时，应事先输入足够数量的惰性气体。

（3）清扫煤粉仓过程中发现仓内残余煤粉有自燃现象时，清扫人员应立即退到仓外，将煤粉仓严密封闭，用蒸汽或氮气、二氧化碳等惰性气体进行灭火。

（4）发现地面积粉自燃时，应用喷壶或其他器具把水喷成雾状，熄灭着火的地方。不得用压力水管直接浇注着火的煤粉，以防煤粉飞扬引起爆炸。

下面列举制粉系统违章作业造成的火灾事故：

事故案例

1. 故障经过

1986 年 2 月，某电厂汽锅辅机班进行"原煤斗补焊"工作和"煤粉仓放粉取粉位漂子"工作。放粉过程中，空气中煤粉遇切割火焰产生爆炸，并扰动了原沉积的煤粉，连续发生了煤粉爆炸及着火，火灾造成 1 死 6 伤。

2. 原因分析

（1）动火工作与放粉工作在同一场所同时进行，又无相应的安全隔离措施。

（2）制粉厂房内积粉较多。而放粉又造成了积粉扬尘，作业时没有安装喷雾洒水措施抑尘，造成煤粉爆炸。

3. 防范措施

（1）制订制粉系统动作工作制度，不允许放粉与动火同时进行。

（2）及时清理制粉厂房内的积粉，防止因积粉造成的火灾爆炸。

（3）安装制粉厂房内喷雾洒水装置及除尘装置，防止粉尘积聚。

事故案例

1. 事故经过

2010 年 3 月 16 日，某电厂停炉放尽煤粉仓内的粉，进行修补煤粉仓工作。上午，起重班使用竹架板在煤粉仓内搭设好架子。下午，制粉班 4 名施工人员进入煤粉仓进行焊补作业，在补焊作业刚刚开始，焊渣掉在竹架板上，并点燃煤粉仓内残留煤粉，发生了火灾事故，造成4名施工人员死亡。

2. 原因分析

（1）脚手架使用了竹架板。

（2）灭火器没有放置在动火区域四周（原煤仓内部），而是放置在了原煤仓外，远离煤粉仓动火区域，当原煤仓内起火时，内部的工作人员无法救火，仓外的灭火器又没法实时送进往，延误了灭火的最好时机。

（3）煤粉仓外无监护人。

3. 防范措施

（1）严格执行动火工作票制度，动火作业上动火工作票。

（2）煤粉仓内严禁使用木、竹制脚手架。

（3）煤粉仓内作业，严格执行监护制度，粉仓外增加监护人。

（4）作业前，粉仓内将积粉清理干净，并测量粉尘及二氧化碳浓度合格后方可进入作业。

第三节　燃油（气）系统、贮油库

一、轻柴油的燃烧爆炸特性

在火力发电厂中，柴油作为锅炉助燃燃料，有易燃易爆的危险性，一般火力发电厂使用的助燃柴油以-20号至10号轻柴油居多，因柴油有易燃易爆的特性，其产生的火灾传播速度快、突发性强、燃烧爆炸相互转化快，对燃油库安全威胁极大，因此，火力发电厂燃油库的防火防爆工作非常重要。

事故案例

某热电厂重油母管爆裂起火，造成烧毁一台220t/h锅炉、4人死亡的特大事故。

1. 事故经过

1994年3月1日，某热电厂点火重油母管发生爆裂，引起10~13号炉共用的厂房内起火，造成设备损坏及人员伤亡事故。

3月1日15时35分，点火重油母管在12号炉管段的部位（离地面2.7m）突然发生爆裂。当时12号炉正在大修中，10号、11号炉运行，8号机带90MW负荷，13号炉备用，点火重油母管内油压3.2MPa，油温105℃，大量喷出的重油油雾在邻炉运行的条件下，加上距爆裂点7.5m处有焊工正在进行大修工作，从而引起爆燃，浓烟迅速弥漫了10号、11号炉和12号、13号炉控制室和整个锅炉厂房，虽然运行人员较快把10号、11号炉和8号机停下来（15时44分与系统解列）并进行了4个油门的操作，但油流不减，又由于初步判断为制粉系统出事，值长延误了时间才下达停油泵的命令，油管爆裂后14min（15时49分）才停油泵，油泵的联动压力为1.2MPa，爆裂后油压大幅度下降，引起备用泵联动，监盘人员发现油压下降时是2.0MPa，共喷出约20t重油。

事故发生后，当地消防队迅速赶到现场灭火救人，17时30分将火全部扑灭，这次事故造成12号炉钢结构被烧后严重变形，炉整体后倾约10°，后移5.3m，汽包下降2m无法修复，同时烧塌了控制室和大量电缆、仪表等设备，大火中窒息死亡4人、伤2人（撤出42人）。

2. 事故原因

（1）事故发生的直接原因是油管爆裂处管材存在严重的原始缺陷，即沿圆周方向分布的纵向重皮裂纹，从内壁测得重皮尝试为1.8mm，裂纹深0.2mm，这些原始缺陷在长期运行中由于裂纹尖端处有应力集中，承受管内油压波动缓缓开裂，日积月累，扩展到临界状态，导致在正常油压油温下局部破裂。由爆口（130mm×100mm）喷出的大量重油油雾被引燃起火。

（2）经对裂纹形貌进行分析，认为这种裂纹是轧制穿管时形成的折叠，折叠裂纹壁有较厚的氧化皮，裂纹尖端有许多点状氧化物。国标和冶金部标准规定："无缝钢管的内外壁不允许存在轧叠、折叠、发纹等缺陷"。因此，失效分析指出："主断裂源泉正是在折叠处形成的，这是一个偶然现象"。

3. 暴露出的问题

（1）发生事故时监盘人员没有全面地进行表计检查，当油管爆裂后，油母管内油压力由3.2MPa下降到1.2MPa和2.0MPa之间，虽然运行人员较快把10、11号炉和8号机停下来，并进行了4个油门的操作，但油流不减，这是由于误判断为制粉系统爆裂。

（2）由于判断失误，值长延误了时间才下达停油泵的命令，油管爆裂14min，才停油泵造成起火后火上加油，扩大了事故。

（3）油管爆裂后，油泵房泵的联动压力为1.2MPa，油压大幅度下降，引起备用泵联动，监盘人员发现油压下降时是2.0MPa，油泵值班员发现油压下降情况后，没有将情况汇报值长及锅炉有关人员，说明联系工作不及时。

（4）管材存在严重的原始缺陷即纵向重皮裂纹，这些原始裂纹在长期运行中，在正常油温油压下局部扩张破裂，没有及时发现和处理，以促成油管爆破。

4. 防范措施

（1）对改建和新建的燃油系统管路，必须选用有合格正规厂家，且经检验合格后方可使用，并依照规程对漏检和超过检验周期的管道、弯头、三通、阀门及焊口存在的隐患，制定整改措施和计划，予以消除。

（2）燃油系统要有明确的管辖分工，不得出现死角，按有关规定对所管辖的设备系统进行巡视检查。

（3）燃油泵房，锅炉控制室必须装有燃油压力、温度指示越限报警装置，燃油母管要装设压力记录表、燃油流量表，并保证正常投入。

（4）燃油值班员必须认真监视调整油压，使油压在规定范围内。燃油、锅炉运行人员应经常注意燃油压力的变化，发现异常要迅速查明原因，并汇报班长、值长。

（5）燃油运行值班负责人交班前必须向当值值长汇报燃油系统的运行方式，并向值长了解锅炉用油情况。

（6）要制定燃油系统的标准运行方式，除检修和特殊情况外，均应按标准方式运行。系统变更时，值长要及时通知有关岗位，并做好记录。

（7）燃油运行规程，必须有燃油系统爆破处理的具体规定，包括爆破现象、判断方法、依据及处理办法，凡没有明确规定的要补充完善。

（8）当发现燃油管路爆破时，要立即停止供油泵运行，并汇报值长，若燃油支管爆破能立即切断油源时，可不停止供油泵运行，反之，则立即停止，并做好外泄燃油的防火安全措施。

事故案例

2005 年 5 月 13 日 15 时 35 分，新疆某发电厂两只各容积 1000m^2 的地上立式柴油罐（爆炸前两只储罐共储柴油 736t）相继发生爆炸。此次爆炸事故造成现场人员 5 人死亡，1 人受轻伤，直接财产损失428.8 万元，过火面积 1 万余平方米。

1. 事故经过

事故当天下午，实业总公司项目经理王××带 5名工人到油罐区进行排空管的安装，15 时 20 分许，郑×和邓×两人先在防火堤内焊接钢管，大约用时 10~20min，之后他们去西侧柴油罐顶部焊接排空管，事故发生前吕××和李××在地面两只油罐之间往氧气瓶上加装气压表，吕××正在东侧油罐顶部拆卸人孔螺丝，电厂消防队员苏×在防火堤内进行现场监护。郑×自述在西侧油罐顶部焊排空管道接口时，突然发生爆炸。

2. 火灾原因

该起火灾的直接原因为实业总公司工人郑×在西侧油罐顶部进行管道接头焊接时，电焊火花引燃由人孔盖板上孔洞扩散出的油蒸气发生爆炸起火。

3. 暴露问题

（1）作为施工单位电焊工，在未采取可靠安全保护措施的条件下在油罐顶部动用电焊作业，属严重的违法违规行为。

（2）实业总公司对施工现场的消防安全管理不到位，施工负责人但在施工过程中擅自离职且未向工人详细交待施工方案，不在现场指挥施工，也是导致事故发生的原因。

（3）发电厂只对施工项目签发了动火证提出要求，却未履行各级人员职责到施工现场去指导、监护施工，未严格落实安全制度和规程，最终造成了火灾爆炸事故的发生。

（4）消防监督部门在验收过程中存在漏洞，对重点部位的检查还存在死角。

1. 轻柴油的理化性质

（1）比重：0.82~0.86。

（2）闪点：不低于45℃，一般在60~120℃之间。

（3）燃点：220℃，一般情况下，牌号越高，燃点越高。

（4）爆炸范围：混合气体中油气浓度在0.6%~6.5%之间（体积比）。

2. 轻柴油燃烧爆炸特性

（1）易燃性。柴油有易燃的特点，且闪点越高，着火的可能性越大。柴油的闪点在 $60\sim120℃$ 之间，环境温度一般达不到此温度，但遇到热源被加热，比如油道敷设在锅炉高温蒸汽管道等热体周围，或遇到热辐射时，柴油被点燃引起火灾的危险性就增大。

（2）易爆性。油品的爆炸危险性一般用爆炸极限来衡量，柴油的 $0.6\%\sim6.5\%$ 之间，看似很安全，但因柴油在运输、卸油过程中，油气不能与空气均匀混合，有某一区域可能达到油气爆炸极限，若遇火源，爆炸的危险性很大。

（3）蒸发性。柴油属不易挥发性的石油产品，在一般情况下不易蒸发，但当柴油周围环境温度升高时（比如油罐被加热或受到热辐射），柴油蒸发速度会急剧增大，油罐内蒸汽压力也急剧增大，柴油的爆炸危险性也会很快上升。

（4）带电性。当柴油在装、卸及使用中，会在管道中因流动与金属管壁摩擦产生静电。因柴油的电导率小，携带电荷的油品在管道中流动，并集聚电荷，集聚的电荷放电产生电火花而引起火灾爆炸的危险性增大。

二、燃气的燃烧爆炸特性

燃气发电作为适应世界环保要求和市场新环境的一项新的发电供能方式，具有节能、减排、提高供能安全性、电力与燃气供应削峰填谷、促进循环经济发展等众多优势，目前我国尚处于初级阶段，将有很大的发展前景。作为发电生产的供能燃料—燃气，成分复杂，具有易燃、易爆、有毒的特点，因此，燃气发电厂的防火防爆工作，成为确保安全生产的主要工作之一。

1. 易燃易爆有毒

燃气在运输、使用过程中，一旦因管道、设备密封不严泄漏到空气中，很快会和空气混合型成爆炸性气体，当达到爆炸浓度时，当遇到外界高温、明火、电磁辐射时就会立刻发生着火、爆炸。比如：甲烷的爆炸极限为 5% ~ 15.4%（体积比），当空气中甲烷达到上述浓度范围时，遇明火、高温、电磁辐射等就会着火爆炸，因燃气中还可能含有剧毒的 CO 成分，因此，燃气还有一定的毒性，人员在扑救燃气火灾时，还应防止中毒。

2. 燃气的扩散性

当燃气电厂管道、设备泄漏时，漏出的燃气会迅速扩散在空气中，若没有遇到热源时，燃气浓度会逐渐下降，危险性减小，若遇到高温热源或明火，会产生火灾、爆炸。因此对人员、设备的安全有较大威胁。

三、燃油（气）设备、系统的防火防爆措施

1. 燃油、燃气设备的运行与检修基本防火措施

（1）油区设计和施工必须符合 GB 50016《建筑设计防火规范》的有关规定。油罐区内油罐壁间的防火间距和易燃油、可燃油的储罐与周围建筑物的防火间距应符合《安规》中有关规定。

（2）发电厂内应划定燃油（气）区。燃油区周围必须设置围墙，其高度不低于 2m，并挂有"严禁烟火"等明显的警告标示牌，动火应办动火工作票。锅炉房内的燃油母管检修时，应按寿命管理要求应加强检查。运行中巡回检查路线应包括各单元燃油（气）母管管段和支线。

（3）必须制定燃油（气）区出入管理制度。非值班人员进入燃油（气）区人员应进行登记，交出火种，关闭手机、对讲机等通信设施，不准穿和容易产生静电火花的化纤服装进入油区钉有铁掌的鞋子，并在入口处释放静电。

（4）燃油（气）区的一切设施（如开关、刀闸、照明灯、电动机、空调机、电话、门窗、电脑、手电筒、电铃、自起动

仪表接点等）均应为防爆型。当储存、使用油品为闪点不小于
60℃的可燃油品时，配电室、控制操作间的电气、通信设施可
以不使用防爆型，但设施的选用应符合标准 GB 50058《爆炸和
火灾危险环境电力装置设计规范》的规定。电力线路必须是暗
线或电缆，不准有架空线。

（5）燃油（气）区内应保持清洁，无杂草树木等易燃物
品，无油污，不准储存其他易燃物品和堆放杂物，不准搭建临
时建筑。

（6）燃油（气）区内应有符合消防要求的消防设施，必须
备有足够的消防器材，并经常处在完好的备用状态。燃油
（气）区宜安装在线消防报警装置。

（7）燃油（气）区周围必须有消防车行驶的通道，通道尽
头设有回车场，并经常保持畅通。燃油（气）区内禁止电瓶车
进入。因工作需要必须进入的机动车，应按规定在尾气排放处
加装防火罩。

（8）卸油区及燃油（气）罐区必须有避雷装置和接地装
置。燃油（气）罐接地线和电气设备接地线应分别装设。输燃
油（气）管应有明显的接地点。燃油（气）管道法兰应用金属
导体跨接牢固，热力管道尽可能布置在燃油（气）管道的上
方。每年雷雨季节前应检查，并测量接地电阻。防静电接地每
处接地电阻值不宜超过 30Ω。露天敷设的管道每隔 20~25m 应
设防感应接地，每处接地电阻不超过 10Ω。

（9）燃油（气）区内一切电气设备的维修，都必须停电
进行。

（10）参加燃油（气）区工作的人员，应了解燃油（气）
的性质和有关防火防爆规定。对不熟悉的人员应先进行有关燃
油（气）的安全教育，然后方可参加燃油（气）设备的运行和
维修工作。

2. 卸油

（1）油车、油船卸油加温时，原油应不超过 45℃，重油不应超过 80℃。

（2）卸油用蒸汽的温度，应考虑到加热部件外壁附着物不致有引起着火的可能，蒸汽管道外部保温应完整，无附着物，以免引起火灾。

（3）油车、油船卸油时，严禁将箍有铁丝的胶皮管或铁管接头伸入仓口或卸油口。在正常作业状态时，卸油管道安全流速不应大于 4.5m/s。

（4）打开油车上盖时，严禁用铁器敲打。开启上盖时应轻开，人应站在侧面。卸油沟的盖板应完整，卸油口应加盖，卸完油后应盖严。

（5）卸油区内铁道必须用双道绝缘与外部铁道隔绝。油区内铁路轨道必须互相用金属导体跨接牢固，并有良好的接地装置，接地电阻不大于 5Ω。

（6）火车机车与油罐车之间至少有两节隔车，才允许取送油车。在油区作业时，机车烟囱应扣好防火纱网，并不准开动送风器和清炉渣。行驶速度应小于 5km/h，不准急刹车，挂钩应缓慢。车体不准跨在铁道绝缘段上停留，避免电流由车体进入卸油线。内燃机车应配带好灭火器。油区内禁止溜放车。

（7）工作人员应待机车与油罐车脱钩离开后，方可登上油车开始卸油工作。

（8）油船靠岸后，禁止无关船只靠近。

（9）卸油过程中，现场必须有人巡视，防止跑、冒、漏油。

（10）禁止在可能发生雷击或附近存在火警的环境中卸油作业。

（11）油船、汽车卸油时，应可靠接地，输油软管应接地。

3. 燃油的储存

（1）地面和半地下油罐周围应建有符合要求的防火堤（墙），防火堤（墙）如有损坏应及时修复。金属油罐应有淋水装置。泡沫灭火装置的安装应符合相关消防规定。

（2）油罐的顶部应装有呼吸阀或透气孔。储存轻柴油、汽油、煤油、原油的油罐应装呼吸阀；储存重柴油、燃料油、润滑油的油罐应装透气孔和阻火梢。运行人员应定期进行下列检查：

1）呼吸阀应保持灵活好用。

2）阻火器的铜丝网应保持清洁畅通。

（3）油罐测油孔应用有色金属制成。油位计的浮标同绳子接触的部位应用铜料制成。运行人员应使用铜制工具或专用防爆工具操作。

（4）用电气仪表测量油罐油温时，严禁将电气触点暴露于燃油及燃油气体内，以免产生火花。

（5）油罐区应有排水系统，并装有闸门。着火时关闭闸门，防止油从下水道流出扩大火灾事故。

（6）污水不得排入下水道，从燃油中沉淀出来的水，应经过净化处理，达到国家规定的排放标准后方可排入下水道。

（7）油罐应有低、高油位信号装置，防止过量注油，使油溢出。防火堤内所构成的空间容积，应不小于堤内地上油罐总贮量的1/2，且不小于最大油罐的地上部分贮量。防火堤应保持坚实完整，不得挖洞、开孔，如工作需要在防火堤挖洞、开孔，应采取临时安全措施，并经批准。在工作完毕后及时修复。

（8）油泵房应保持良好的通风，及时排除可燃气体。

（9）燃油温度必须严加监视，防止超温。

4. 燃油设备的检查与运行

（1）燃油设备检修开工前，检修工作负责人和当值运行人员必须共同将被检修设备与运行系统可靠地隔离，在与系统、油罐、卸油沟连接处加装堵板，并对被检修设备进行有效地冲洗和换气，测定设备冲洗换气后的气体浓度（气体浓度限额可根据现场条件制订）。严禁对燃油设备及油管道采用明火办法测验其可燃性。

（2）油区检修应使用防爆工具（如有色金属制成的工具）。紧急情况下，如使用铁制工具时，应采取防止产生火花的措施，例如涂油、加铜垫等。

（3）油区检修用的临的动力和照明的电线，应符合下列要求：

1）电源应设置在油区外面；

2）横过通道的电线，应有防止被轧断的措施；

3）全部动力线或照明线均应有可靠的绝缘及防爆性能；

4）禁止把临时电线跨越或架设在有油或热体管道设备上；

5）禁止把临时电线引入未经可靠地冲洗、隔绝和通风的容器内部；

6）用手电筒照明时应使用防爆电筒；

7）所有临时电线在检修工作结束后，应立即拆除。

（4）燃油设备检修需要动火时，应办理动火工作票。动火工作票的内容应包括动火地点、时间、工作负责人、监护人、审核人、批准人、安全措施等项。发电企业应明确规定动火工作的批准权限。

（5）动火工作必须有监护人。监护人应熟知设备系统、防火要求及消防方法。其职责是：

1）检查防火措施的可靠性，并监督执行；

2）在出现不安全情况时，有权制止动火；

3）动火工作结束后检查现场，做到不遗留任何火源。动火工作进行时，消防人员必须始终在场。

（6）检修油管道时，必须做好防火措施，禁止在油管道上进行焊接工作。在拆下的油管上进行焊接时，必须事先将管子冲洗干净。

（7）在油区进行电、火焊作业时，电、火焊设备均应停放在指定地点。不准使用漏电、漏气的设备。火线和接地线均应完整、牢固，禁止用铁棒等物代替接地线和固定接地点。电焊机的接地线应接在被焊接的设备上，接地点应靠近焊接处，不准采用远距离接地回路。

（8）在燃油管道上和通向油罐（油池、油沟）的其他管道上（包括空管道）进行电、火焊作业时，必须采取可靠的隔绝措施，靠油罐（油池、油沟）一侧的管路法兰应拆开通大气，并用绝缘物分隔，冲净管内积油，放尽余气并测量油气合格后方可工作。

（9）在油罐内进行检修工作。必须按照《安规》及 DL 5027—1993《电力设备典型消防规程》的有关规定执行。在油罐内进行明火作业时，应将通向油罐的所有管路系统隔绝，拆开管路法兰通大气。油罐内部应冲洗干净，并进行良好的通风。油泵房及油罐区禁止采用皮带传动装置，以免产生静电引起火灾。

5. 燃气设备的检修与运行

（1）燃机系统及其附近必须严禁烟火并设"严禁烟火"的警示牌，应备有必要的消防设备，严禁放置易爆易燃物品。

（2）禁止与工作无关人员进入燃机系统附近。因工作需要进入时实施登记准入制度，严禁携带火种、禁止穿带铁钉的鞋，关闭移动通信工具。进入燃机系统前应先消除静电。燃机系统附近应安装强力通风设备。

（3）在燃机系统及其附近进行明火作业或做可能产生火花的工作，必须办理动火工作票。应事先经过可燃气体含量测定。

（4）在可燃气管道上进行检修工作（如更换阀门、垫，焊接支管等），应将检修的一段管道与运行中的可燃气管道可靠地隔断（关闭阀门并加堵板），然后用压缩空气或蒸汽通入管道进行吹洗，将残留的可燃气完全排出，并用小动物或仪器试验，证明管道内确无可燃气存在，可开始工作。

（5）在可能有可燃气体的地方进行检修工作时，应遵守下列规定：

1）必须戴防毒面具，并宜在上风位置上工作。

2）工作人员不得少于2人，其中一人担任监护工作。

3）在管道内部或不易救护的地方工作，应使用安全带，安全带绳子的一端紧握在监护人的手中，监护人随时与管道内部工作人员保持联系。

4）应使用铜制的工具，以避免引起火花（必须使用钢制的工具时，应涂上黄油）。禁止穿有铁钉的鞋。

5）工作人员感到不适时，应立即离开工作地点，到空气流通的地方休息。

6）应准备氧气、氨水、脱脂棉等急救药品。

（6）禁止用捻缝和打卡子的方法消除可燃气管道的不严密处。

（7）严禁一切火源接近运行中的可燃气体管道。应用仪器或肥皂水检查可燃气管道的严密性，禁止用火焰检查。可燃气管道内部的凝结水发生冻结时，应用蒸汽或热水熔化，禁止用火烤。

（8）检修后的可燃气管道，应进行可燃气泄漏试验，经检验合格后，才可恢复管道的使用。

四、燃油（气）设备系统的灭火规则

1. 油管道火灾的处理

（1）油管道泄漏，法兰垫破裂喷油，遇到热源起火，应立即关闭阀门，隔绝油源或设法用挡板改变漏油喷射方向，不使其继续喷向火焰和热源上。

（2）使用泡沫、干粉等灭火器扑救或用石棉布覆盖灭火，大面积火灾可用蒸汽或水喷射灭火，地面上着火可用沙子、土覆盖灭火。附近的电缆沟、管沟有可能受到火势蔓延的危险时，应迅速用沙子或土堆堵，防止火势扩大。

2. 卸油站火灾的处理

（1）卸油站发生火灾时，如油船、油槽车正在卸油应立即停止卸油，关闭上盖，防止油气蒸发。同时应设法将油船或油槽车拖到安全地区。

（2）不论采取何种卸油方式，都应立即切断连接油罐和油船（油槽车）的输油管道，防止火势蔓延到油罐油船（油槽车）。

（3）密闭式卸油站火灾，应停止卸油，隔绝与油罐的联系，查明火源，控制火势。如沟内污油起火，应用沙子或土首先将沟的两端堵住，防止火势蔓延造成大火。如沟内敷设油管，应用直流消防水枪喷洒冷却，并隔绝油管两侧阀门。此时必须注意，由于水枪喷洒，油火可能随水流淌下蔓延。

（4）敞开式卸油槽火灾，如卸油槽完整无损，盖板未被爆炸波浪掀开，可将所有孔、洞封闭，采用窒息法灭火。如油槽已遭破坏，应迅速启动固定的蒸汽灭火装置灭火。

3. 油泵房火灾的处理

（1）油泵电动机着火，应切断电源用二氧化碳灭火器灭火。

（2）油泵盘根过紧摩擦起火，用泡沫、二氧化碳灭火器灭火。

（3）油泵房，尤其是地下泵房应有良好的通风装置，防止油气体积聚。当发生爆炸起火时，应采用水喷雾灭火。若设有固定蒸汽灭火装置，应立即启动该装置灭火，也可用泡沫、二氧化碳、干粉等灭火器灭火。

4. 油罐火灾的处理

（1）关闭罐区通向外侧的下水道、阀门井的阀门。

（2）罐顶敞开处着火，必须立即启动泡沫灭火系统向罐内注入覆盖厚度在 200mm 以上泡沫灭火剂。金属油罐还应启动冷却水系统对油罐外壁强迫冷却。

（3）用多支直流消防水枪从各个方向（适当避开逆风方向）集中对准敞口处喷射，封住罐顶火焰，使油气隔绝，缺氧窒息。

（4）油罐爆炸、顶盖掀掉发生大火按上述执行。若固定泡沫灭火装置喷管已破坏，应设法安装临时喷管，然后向罐内注入泡沫灭火剂进行扑救。若以上方法无法奏效，则必须集中一定数量的泡沫、干粉消防车，从油罐周围同时喷向火焰中心进行扑救。

（5）油罐爆炸后，如有油外溢在防火堤内燃烧，应先扑救防火堤内的油火，同时采用冷却水冷却油罐外壁。

（6）为防止着火油罐波及周围油罐，在燃烧的油罐与相邻油罐间用多支直流消防水枪喷洒形成一道水幕，隔绝火焰和浓烟。同时将相邻油罐的呼吸阀、通气孔用湿石棉布遮盖，防止火星进入罐内。

（7）在有条件的情况下，应将失火油罐的油转移到安全油罐内，但必须注意着火油罐油位不应低于输出管道高度。

（8）火势灭后继续用泡沫或消防水喷洒防止复燃。

5. 油船、油槽车火灾的处理

（1）油船、油槽车着火起始阶段，如油船、油槽车完整无损，应立即将敞开的口盖起来，用窒息法灭火。

（2）油船着火时需进行冷却，切断与岸上有联系的电源、油源，拆除卸油管道，然后用泡沫和水喷雾扑救。水面上如有漂浮的油，应用围油栏堵截。

（3）油槽车着火，应立即将未着火的槽车拖到安全地区，如油品外溢起火可用沙子、土围堵，将火势控制在较小的范围内，然后用足够数量的泡火沫、干粉和水喷雾扑救。

6. 燃气设备系统灭规则

（1）燃（煤）气爆炸的处理。燃（煤）气管道爆破损坏，应立即停用燃烧器，关闭燃（煤）气快关阀，开启相应的氮气吹扫门进行灭火和吹灰。

（2）燃（煤）气着火的处理。如火势不大，可用黄泥、石棉布、湿衣服等进行扑救。如火势太大须关闭燃（煤）气快关阀或母管水封时，应及时先停用燃（煤）气燃烧器，防止发生回火。禁止用消防水喷射着火烧红的燃（煤）气管路。

事故案例

1. 事故经过

某发电厂锅炉分场为处理油泵房至锅炉间高位油箱（24m）之间的一段管路漏油缺陷，于 1995 年 1 月 3 日向厂部提交处理意见和安全措施的请求报告，经厂安监、生技、副总及生产厂长的批准后，于 1 月 5 日 8 时 30 分开始工作。漏油地点在 10 号炉 8m 楼板下，送风机入口风道上的夹空处，处理方式是将漏油管段更换一段新管路，为工作方便，在更换的管路上加一法兰盘，更换工作在当日下午 3 时结束。供油系统恢复后，发现新装法兰有轻微渗油。1 月 6 日早一上班锅炉分场检修副主任曹××到本体班布置处理这一缺陷，工作组成员由副班长杜××等 5 人组成，工作负责人是马××，9时许，马××办理完工作票后开始工作。工作票提出的安全措施是在待补焊的法兰盘两侧油管路的两端截门上加堵板。为加堵板，必须将油泵出口至高位油箱这段管路（φ60）的油全部放尽。由于安装时该管路未装放油门，所以只得在新装法兰处解法兰向地面上放。9时25分，马××与另一工作人员王××把法兰盘的四个螺丝卸掉，然后马××用螺丝刀从底部撬开一个缝往外放油，不多时，管路突然振动一下，法兰错缝变大，油从法兰向四周喷射一尺左右，油溅到附近雾化蒸汽管上（相距约200mm，温度288℃）同时也溅到了马××的身上，在高温作用下，引起着火。马在附近，且身上又都是油，致使马××全身着火，马××在惊慌之中从西侧热风管道跳到零米，马××坠落零米后，被在零米工作的人员用水管把马××身上的火扑灭。送往医院抢救。经诊断，烧伤面积65%~70%，由于呼吸道烧伤抢救无效于1月16日9时30分死亡。

2. 事故原因

（1）工作负责人马××对管路存油估计错误（认为很少）采取的放油方式不对（不应同时将法兰螺丝都松开），自我保护意识较差（喷油后没有立即躲开）是造成油着火并被烧伤致死的直接原因。

（2）安全措施不完善，没有将雾化蒸汽管路停止或将油系统与蒸汽系统隔开，为油着火创造了条件，是造成人员伤亡的主要原因。

（3）锅炉检修副主任工作草率，工作前既没有向有关领导和部门汇报，也没有与班组人员分析危险点，是本次事故的管理原因。

（4）焊工班班长杨××在前一天焊接中存在漏焊而导致第二天返工，为本次事故的发生起了诱发作用。

（5）安装油管路时，没有安装放油门，为事故埋下了隐患，也是引发本次事故原因之一。

3. 暴露出的问题

（1）在油系统实施动火作业，没有使用动火工作票，违反了《安规》规定。

（2）制定的有关安全措施没有认真落实。事后了解到，措施要求在开工前应在管路两端阀门上加堵板，实际在5日开工时两端都没有加堵板，也没有进行蒸汽冲洗和换汽，违反了《安规》规定。

（3）对管路存油时多时少缺乏分析，对1月5日开工前没有放出多少油的不正常情况未能引起有关人员的重视，致使第二天放油仍认为不会有多少油，导致作业人员安全思想麻痹而错误操作。

4. 防范措施

（1）在油系统的最低点安装放油门。

（2）与油系统并行的蒸汽管路按《安规》规定落实。

（3）在油系统实施动火作业必须严格执行动火工作票制度。

（4）要真正将作业前对危险点的分析工作落到实处。

事故案例

1. 故障经过

2009年6月27日20时04分，3单元10号机机长孙××发现燃油压力趋视线快速下降，炉前燃油压力由2.95MPa降至1.4MPa，立即汇报单元长于××，单元长接到汇报后立即打电话向值长杨××汇报这一重要异常情况，初步分析为供油泵异常，随后通知燃油泵房值班员程××检查燃油泵运行情况，并命令各值班员密切注意各磨煤机运行工况。20时06分单元长于××检查燃油压力调整门自动动作正常，系统其他阀门状态正常，来、回油油量偏差值正常，油压在逐渐由1.4MPa上涨至2.1MPa，燃油泵房值班员程××告就地检查系统未见异常。20时07分单元长于××安排值班员去就地检查燃油系统。20时08分1单元长郑××告11号炉1号角处着火，单元长于××立即安排值班员杨××等2人现场救火，并安排现场救火人同时拨打厂内119报火警，通知油组值班员停运供油泵。20时09分11号炉MFT动作锅炉灭火，20时26分11号机打闸停机，发电机与系统解列。20时30分左右，将明火全部扑灭。

2. 原因分析

（1）燃油压力值明显变化时，没有引起高度重视，原因判断不清，未及时发现燃油泄漏点是此次事故发生的重要原因。

（2）燃油压力异常工况下，未针对锅炉重点防火部位的燃油系统进行着重检查。未在关键时间内控制或排除着火点的燃油来源是此次事故发生的关键原因。

3. 暴露问题

（1）运行当班人员在处理突发故障过程中，反映出对重点防火部位的燃油设备存在重大危险性掌握程度不高，岗位技术水平和处理突发故障的运行经验不足。

（2）运行当班人员责任心不强，在油压发生下降时不敏感，仅凭经验简单判断为供油泵工作不正常或滤网堵塞，未及时安排人员到现场检查燃油系统，失去控制起火初期的关键时间。

（3）运行当班人员对现场重点防火部位的燃油设备重视不够，警惕性不高，对锅炉燃油设备异常会引发重大火灾事故的预想不充分。

（4）运行当班人员对重点部位检查不到位，在锅炉发生投油助燃及停止用油后，未及时对燃油系统进行全面细致检查。

（5）运行当班人员不熟悉现场消防设备特性，未能及时恢复足够的消防水压力，为灭火工作带来不利因素。

4. 防范措施

（1）加强运行管理，提高两票三制制度的执行力。不定期对两票三制执行情况进行抽查，切实做好两票三制这一基础性工作，从问题出发查找隐患并及时处理。

（2）开展好事故预想，提高人员应对突发故障的处理能力。

（3）加强对制粉系统、油系统、氢系统、内冷水系统及重要的公用系统的检查，出现异常情况时要有敏感性，提前做好应对措施。

（4）针对各岗位必须应对的突发故障进行演练。认真组织全体人员对设备系统进行安全分析，理清不同设备系统、不同环境、不同工况下的特性，掌握设备异常情况下快速、正确处理的方法，提高在突发故障情况下的应对能力。

第四节　锅　　炉

发电厂锅炉是将燃煤（气、油）的化学能转化为蒸汽热能的设备，燃料在锅炉炉膛中燃烧产生的高温，加热炉膛四周的水准确冷壁管子，将水冷壁管内的水加热到高温过热蒸汽送入汽轮机做功。

锅炉设备中容易发生燃烧爆炸之处主要是运行中的煤粉、燃气、燃油输送管道，停炉后的炉膛及管道内积粉、积油气、积燃气等处。

一、防火防爆措施

（1）锅炉的油管、煤粉管等应防止泄漏，要经常检查，发现泄漏，及时消除。

（2）人孔门、看火门、防爆门周围不应有其他可燃物品。

（3）防止燃油锅炉尾部再燃烧的根本方法，是改进燃烧工况。要注意低负荷时使燃油在炉内完全燃烧，要严格监视排烟温度，并定期吹灰，加强预热器定期冲洗。

（4）停炉后，应严格监视尾部烟道各点的温度，发现异常，迅速分析，判断其原因。如果温度仍急剧上升，则立即采取灭火措施。

（5）燃油锅炉尾部应装设灭火装置。

（6）运行中的锅炉发现尾部燃烧时，应立即停炉，停用送风机、吸风机。严密关闭烟道挡板、人孔门、看火门及热风再循环门等，防止新鲜空气和烟气漏入炉内。打开灭火装置的进汽（水）阀，送入蒸汽（水）进行灭火。

（7）燃油金属软管着火时，应切断油源，用泡沫灭火器或黄沙进行扑救。

（8）燃气锅炉停炉检修必须将总进气阀门关闭严密，阀门出口侧加装金属堵板，阀门应加锁。需要动火时，应分别在炉膛、烟道（包括再循环烟道）通风，实测炉内可燃气体含量合格，方可动火。

（9）凡经检修后（包括新建管路投用前）的燃气管路必须经严密性试验合格后，才可投入运行。

（10）经严密性试验后的燃气管路，不得再进行切割或松动法兰螺栓等，否则应重新进行试验。

（11）已试验合格而超过三个月未投用的燃气管路在投用前应重新试验。

（12）燃（煤）气管路在氮气置换后再进行燃（煤）气置换，且经一定时间的燃（煤）气放散，然后作含氧量测试，含氧量应先后连续测试三次，均不大于0.8%即为合格，方可投入使用。

（13）当燃气锅炉停炉后，应及时关闭燃（煤）气快关阀，且根据停炉时间长短，确定管路的吹扫范围。

（14）联系能源供应中心后，开启燃（煤）气母管充氮气门进行管路吹扫，注意保持燃（煤）气母管压力不大于9.8kPa。

（15）经燃气锅炉四角排空管取样门进行取样分析，当一氧化碳浓度达到0时，吹扫结束。

（16）燃气锅炉管道动火安全措施，应符合下列要求：

1）将动火管道与系统隔离，关闭所有阀门并上锁；

2）将动火侧管道拆开通大气，非动火的管道侧加堵板；

3）用氮气吹扫干净，经测爆仪检测合格。

二、爆炸着火的处理措施

1. 燃（煤）气爆炸的处理

燃（煤）气管道爆破损坏，应立即停用燃烧器，关闭燃（煤）气快关阀，开启相应的氮气吹扫门进行灭火和吹灰。

2. 燃（煤）气着火的处理

如火势不大，可用黄泥、石棉布、湿衣服等进行扑救。如火势太大需关闭燃（煤）气快关阀或母管水封时，应及时先停用燃（煤）气燃烧器，防止发生回火。禁止用消防水喷射着火烧红的燃（煤）气管路。

三、锅炉静电除尘器的防火防爆要求

（1）如锅炉燃烧不完全，灰粒带有炭墨粒子，则当静电除尘器短路产生电弧时就会引燃着火。着火时，应用二氧化碳或干粉灭火器进行扑救。

（2）进出烟道应装有温度探测器，当温度异常时，应能向控制室报警。

（3）变压器—整流器组应选用高燃点绝缘液。油浸变压器—整流器组的设计，应符合现行国家标准有关规定。

下面是锅炉火灾爆炸案例：

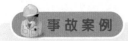事故案例

1 号炉 28m 前墙电缆着火

1. 事件经过

2001 年 8 月 26 日 12 时 04 分，某厂 1 号炉再热汽 8 个安全门全部起座，副司炉立即手动回座，松手后安全门又起座，立即联系程保班检查处理。同时电气"1EE02 接地"光字发。12 时 05 分，1 号炉 15、16 号给煤机转速降至 70 转左右，锅炉来"FSSS 电源故障"和"模拟量超限"光字牌。12 时 06 分，三台给煤机同时跳闸，此时油枪投不上，火检检测不到火焰。12 时 07 分 1 号炉 CRT 的 NA01 画面上主汽压力消失，记录表上的主汽压力也消失。12 时 08 分，1 号机组有功负荷降至 220MW，1 号炉 FSSS 来"全炉膛灭火保护动作"光字牌，随即保护动作机组停运。

事发当时，28m 运行值班员正要到油枪处检查油枪，发现 1 号炉前墙 28m 电缆桥架处冒烟，立即用对讲机通知司炉和班长，并拿灭火器到就地灭火。值长通知电气、热工、锅炉等专业人员到现场灭火。12 时 15 分现场着火扑灭。

2. 原因分析

1 号炉保温不严密，存在漏风现象，热风将前墙 28m 处电缆烤着火，引发电气、热工信号异常，机组停运。

3. 暴露出问题

(1) 管理工作存在漏洞，尤其是对炉间电缆防火，各级管理人员没有引起足够的重视。

（2）炉侧管道保温效果不理想，使个别地方还存在漏热现象，威胁电缆安全运行。

（3）炉间电缆桥架只进行了积粉清理和电缆槽盒封闭，未做整体防火措施。

（4）事故前一天，热工信号已经由于电缆绝缘损坏而误发，但热工车间未能详细检查、分析原因，暴露出职工的安全意识淡漠，责任心不强。

4. 防范措施

（1）认真查找管理上的漏洞，尤其是《二十五项反措》更要不折不扣地落实到位。

（2）加强炉侧保温，控制锅炉热量散失，从而改善炉侧电缆的工作环境。

（3）对炉侧热源点附近的电缆桥架进行防火整改，粉刷防火涂料，进行分段阻燃治理。

（4）检修单位要建立健全电缆桥架、竖井定期巡回检查制度，尤其是对炉体保温效果差的地方，应加大巡视检查力度，发现问题及时解决处理。

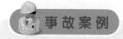

某电厂煤粉仓爆炸

1. 事故经过

某电厂 2 号炉于 1982 年 8 月 11 日小修结束后，15 时 40 分点炉，1、2 号制粉系统运行，21 时 17 分发电机并入系统。12 日 2 时 57 分 4 号磨煤机向 4 号煤粉仓送粉，（即乙组煤粉仓的左侧）。

3时19分一声巨响，发现30m标高皮带间有浓烟和火冒出，42m标高处，防爆门冒浓烟和火苗，此时2号炉集控室控制盘发现粉仓温度升高到150℃，立即将4号磨煤机和排粉机停止运行，投入蒸汽消防装置进行灭火。

粉仓发生爆炸时，5、6号皮带值班员王××正在粉仓上部皮带过桥上行走，被粉仓喷出的火浪烧伤，烧伤面积达95%，多方抢救无效，于8月22日死亡。检查事故现场时发现，3、4号煤粉仓上部（即乙组粉仓）有9块水泥盖板，2块花纹钢板被汽浪冲开，其他盖板的抹面均遭破坏，两防爆门在铁皮边缘腐蚀处破裂。

2. 事故原因

（1）煤粉仓内壁、栅栏及角落处有少量的积粉，检修期间发生自燃，在排粉机启动后，自燃加剧，接着4号磨煤机，这时粉仓内的粉尘达到爆炸浓度，遇自燃煤粉引起爆炸，这是煤粉仓爆炸的直接原因。

（2）3时10分，4号磨煤机向4号粉仓送粉，到3时19分一声巨响，运行10min期间，没有发现粉仓内温度升高的现象，直至听到一声巨响，意识到煤粉仓爆炸时，发现粉仓温度升高到150℃，监盘人员没有及时发现是事故引发的主要原因。

（3）5、6号皮带下部粉仓南侧盖板没有按原设计采用花纹钢板，并用螺栓固定在大梁上，而安装施工单位改用轻型水泥预制板结构封闭，初步估算承受能力公有0.02kgf/m²，这是粉仓爆开，煤火喷出，将人烧伤的主要原因。

（4）煤粉仓上的两个防爆门总断面积为 0.5～1.0m²，粉仓容积达 625m³，防爆门的总截面积应为1.56m²，实际总截面积偏小，加上防爆管道长，阻力大，使粉仓爆炸后压力不能迅速释放。

3. 暴露问题

（1）煤粉仓结构不合理，在安装时又随意更改、设计仅考虑封闭，不考虑承压强度，这是很不合理的，因粉仓上装设有动作压力为 0.1kgf/m² 的安全门，这就要求粉仓起码能承受 0.1kgf/m² 以上的压力，粉仓南侧盖板原设计采用花纹钢板，安装时改用轻型水泥预制盖板封闭，承受压力仅有 0.02kgf/m²，这样大大减弱了粉仓的承压能力。

（2）防爆门面积偏小，没有及时进行更改，规程规定：“煤粉仓上的防爆门其数目一般为 2 个，防爆门的总截面积为 0.5～1.0m²”在这样的规定下，没有考虑到容量的大小，该电厂的锅炉额定蒸汽量为 1000t/h，粉仓容积达 625m²，据有关资料计算，防爆门总截面积应为 1.56m²，防爆门标准面积和实际面积偏小太多，导致事故时保护能力不够。

4. 防范措施

（1）锅炉煤粉仓的设计、安装、运行必须符合规程的地求，同时在运行中如发现设计、安装有严重缺陷时，应有计划地进行设备整改，不留隐患。

（2）在启动制粉设备前，必须严格检查该设备，发现自燃火种，必须彻底消除。作业人员在制粉系统工作时，必须做好安全措施。

（3）贯彻关于煤粉仓及制粉系统防爆措施。

（4）在运行方面，要坚持执行定期降粉制度，停炉前煤粉仓烧空制度。在检修方面做到煤粉仓严密，内壁光滑无积粉死角并且有一定的抗爆能力，要加强防爆门的检查和更换工作，防爆门薄膜应符合设计要求。

第五节 汽轮机、燃气轮机、水轮机

一、汽轮机防火防爆措施

汽轮机是将锅炉高温蒸汽的热能转变为电能的设备系统，锅炉高温蒸汽经管道送入汽轮机后，推动汽轮机叶片旋转，产生机械能，并通过带动同轴的发电机旋转转化为电能。汽轮机及系统容易产生火灾爆炸的位置主要是密封油系统、润滑油系统，因此防止汽轮机油系统的火灾，是汽轮机设备系统防火防爆的主要内容。

（1）油系统必须杜绝渗漏油现象，发现渗漏油应及时消除。渗漏油应及时拭净，不可任其留在地面或墙体。

（2）油系统应尽量避免使用法兰连接，禁止使用铸铁阀门；承压等级应按试验等级高一级选用；管子壁厚应不小于1.50mm。

（3）油系统禁止使用塑料垫、橡皮垫（含耐油橡皮垫）和石棉纸垫。

（4）油管道应防止振动，其支架必须牢固可靠，支管根部应能适应热膨胀的要求。

（5）油管道法兰应内外烧焊，机头下部和正对高温蒸汽管道法兰应采用止口法兰。在热体附近的法兰外应装设金属罩壳。

（6）油管道附近的蒸汽管道保温应坚固完整，保温层表面应装设金属罩。检修或运行时发现保温材料内有渗油，应及时消除漏油点，并更换保温材料。

（7）油管道尽可能远离高温管道，油管道至蒸汽管道保温层外表距离一般应不少于150mm。

（8）对纵横交叉和穿越楼板、花铁板的油管道及油表计管应采取防摩擦破裂措施。

（9）严禁用拆卸油表接头的方法，泄放油系统内的空气。

（10）主油箱应设置事故排油箱（坑），其布置标高和排油管道的设计，应满足事故发生时排油畅通的需要。

（11）事故油箱应设在主厂房外，设置的距离应符合国家有关标准，事故油箱应密封，容积不应小于1台最大机组油系统的油量。

（12）事故排油阀应设两个钢质截止阀，其操作手轮与油箱的距离必须大于5.0m，操作手轮的位置至少应有两个通道能到达，操作手轮不准上锁，应挂有明显的"禁止操作"标志牌。

（13）汽轮机凝汽器冷却管材料用钛合金时，在汽轮机开缸检修时要采取隔离措施。钛合金制成的凝汽器严禁接触明火，如需要进行明火作业，必须办理动火工作票，做好灌水等安全措施。

二、汽轮机系统火灾的处理方法

（1）着火的钛合金制成的凝汽器严禁用水及泡沫灭火，应用干粉、干沙、石粉进行灭火。

（2）汽轮机油系统刚发生小火时，应设法切断油源，立即进行扑救。磷酸酯抗燃油渗入保温层着火，应消除泄漏点，用二氧化碳或干粉灭火器灭火。磷酸酯抗燃油燃烧时会产生有刺激性的气体，扑救人员应正确使用正压式消防空气呼吸器。

（3）如果油系统发生大火，则应按照如下的方法处理：

1）立即破坏真空，按事故处理规定，紧急停机。特别注意拉掉手动消防脱扣器，解除高压电动油泵自动投入开关，切断电源，开启事故排油门。

2）当发生喷油起火时，要迅速堵住喷油处，改变油方向，使油流不向高温热体喷射，并即用泡沫、干粉灭火器灭火。

3）使用多支直流消防水枪进行扑救。但是尽量避免消防水直接喷射高温热体。

4）防止大火蔓延扩大到邻近机组，应组织消防力量用水或泡沫灭火器等将大火封住，控制火势，使大火无法蔓延。

三、燃气轮机系统防火防爆措施及灭火方法

与汽轮机不同，燃气轮机的工作原理是：大气中的空气被吸入到压气机中压缩到某一压力（一般在 0.3MPa 以上），压缩后的空气被送入燃烧室与喷入的燃气在一定压力下混合燃烧，产生高温燃气，高温燃气被送入燃气轮机的透平膨胀做功，直接带动发电机组发电。燃气轮机的防火防爆措施如下：

（1）燃气轮机在辅机室、轮机室两室应安装通风机，当燃气轮机正常运行时，辅机室、轮机室两室内不易形成爆炸性的混合物。

（2）燃气轮机与联合循环发电机组厂房应设可燃气体泄漏探测装置，其报警信号应传送到集中火灾报警控制器。

（3）燃气轮发电机组整体（包括燃机外壳和燃气调节室、轴承室、附属模块润滑油和液压油室、液体燃料和雾化空气模块）应采用全淹没气体灭火系统，并设置火灾自动报警系统。气体灭火系统应定期检查和试验，保持备用状态，一旦发生火

灾能自动投入使用。

（4）燃气轮机发生着火时，应立即用二氧化碳等灭火装置灭火。如果灭火装置发生故障而不能使用时，应使用干粉、二氧化碳灭火器等进行扑救。未断电时，不得使用泡沫灭火器和消防水喷射着火现场。

四、水轮机的防火防爆措施

低水头转桨水轮机漏油，检修时要防止桨叶上的漏油燃烧，检修前首先要清除部件上的油迹。当发生着火时，应使用二氧化碳或干粉灭火器灭火。

违章操作致发电机组烧毁

1. 事故经过

1989 年 8 月 19 日 15 时许，上海某电厂发生火灾，造成直接经济损失近 200 万元。经查，这场火灾是由某工程公司加热面班组长陈××违章作业而引起。

1989 年 8 月 19 日 15 时，陈××带领民工鲁××、郑××在上海某电厂四号发电机组凝汽器上方进行安装凝汽器升泵出口至低加进口管道作业。作业前，陈××没有作必要的安全防范工作，既没有对作业现场认真检查是否有易燃物，也没有采取任何防止火星溶珠溅落的隔离措施。在没有安排他人监护的情况下，就进行点火气割低过管。陈××等人切割下长约 600mm 的钢管后，又用氧乙炔气割修整悬挂着的那段低过管截面坡口，致使火星溶珠飞溅下落，引燃 A 组凝汽器水室下方脚手架上的易燃物，烧毁竹笆，继而引燃凝汽器内壁衬胶及水坑中的易燃物，烧毁 A 组凝汽器内部钛管 7000 余根及钛隔板。

2. 原因分析

检修作业人员未采取安全措施，违章进行动火作业，造成火灾事故。

3. 防范措施

（1）动火作业前，按照有关安全生产规章制度中对动火作业的要求，执行动火作业制度。

（2）现场配备足够的灭火器材。

（3）作业人员作业前进行危险点分析，办理工作票，采取安全措施后方可作业。

（4）加强作业人员的安全监督，发现违章及时纠正。

（5）加强职工的安全培训，提高安全意识，特种作业人员持证上岗。

 事 故 案 例

22 号小机主汽管道保温浸油发生火险

1. 事件经过

2001 年 6 月 12 日 12 时 18 分，某厂 2 号机组运行，汽机运行三班值班员刘××在 2 号机 6.5m 平台巡检时，闻到有异味儿，发现 22 号小机机头侧从盖板

下面冒出轻烟，他马上赶过去，发现22号小机主蒸汽进汽电动门QR680后第一个弯头处冒出暗红色浓烟，且直接熏烤着距着火点约300mm上部的电缆，立即用对讲机报告班长，并从6.5m平台处拿灭火器进行扑救。2min左右，班长和专工等人员分别到达着火现场，3min后火势得以控制，12时23分大火被扑灭。本次着火事件没有影响到22号小机和2号机组的正常运行，电缆也没有受到任何损坏。

2. 事故原因

汽机车间在检修过程中对从设备上拆下的零部件存油和清理的废油处理不当，留在汽机高温管道保温层上，引发废油着火。

3. 暴露问题

汽机车间对日常的安全防火管理工作不严，对职工的安全防火教育不力，职工的安全防火意识淡薄，执行规程制度的随意性较大。

4. 防范措施

（1）立即扒掉该处浸油保温，重新恢复合格保温层。对上部电缆桥架用隔热材料遮挡。

（2）对6.5m下层所有高温管道和机组高温管道进行全面认真检查，发现浸油保温立即处理。

（3）对所辖油管道、油档等进行全面认真检查，发现有漏油立即处理。当时处理不了的必须做好接、挡等措施并加强检查。

（4）对高温管道、设备邻近易燃物（油管、电缆）等进行可靠的遮挡，太近的应设法移位。

第六节 烟气脱硫系统

一、概述

火力发电厂脱硫系统，是吸收烟气中的 SO_2，使 SO_2 含量达到最低，防止空气污染的一种环保装置。其工作原理是：将石灰石粉加水制成浆液作为吸收剂泵入吸收塔与烟气充分接触混合，烟气中的二氧化硫与浆液中的碳酸钙以及从塔下部鼓入的空气进行氧化反应生成硫酸钙，硫酸钙达到一定饱和度后，结晶形成二水石膏。经吸收塔排出的石膏浆液经浓缩、脱水然后用输送机送至石膏贮仓堆放。脱硫后的烟气经过除雾器除去雾滴，再经过换热器加热升温后，由烟囱排入大气。

二、易燃易爆部位

容易发生火灾的设备主要有除雾器，其制作的材料为易燃的材料制作。吸收塔因其内部有一层防腐材料为易燃物，因此除雾器及吸收塔、原烟道等部位均为易着火部位，尤其在停运检修作业期间防火较为重要。

三、脱硫系统的防火防爆措施

（1）带可燃衬胶内衬的设备内宜搭建金属脚手架。检修、防腐施工作业时，现场应配备足够的灭火器，消防水带敷设到动火作业区，确保消防水随时可用。

（2）防腐施工和检修用的临时动力和照明电源，应符合下列要求：

1）所有电气设备均应选用防爆型，安装漏电保护器，电源线必须使用软橡胶电缆，不能有接头。

2）检修人员使用电压不超过 12V 防爆灯。

3）电焊机接地线应设置在防腐区域外并禁止接在防腐设备及管道上。

4）临时电源在检修结束后，应立即拆除。

（3）除雾器热熔等高温作业应严格控制工作温度，做好冷却和防火措施。除雾器和喷淋系统检修，禁止任何动火作业，严禁携带火种进入作业区域。

（4）脱硫系统停止运行期间，所有带可燃衬胶内衬的设备都应有警告标示牌。脱硫装置工艺水箱应保持充满，除雾器冲洗水在备用状态。

（5）在所有衬胶、涂磷的防腐设备上进行动火或其他加热等作业，必须严格执行动火工作制度。

（6）脱硫系统动火，应符合下列要求：

1）关闭原、净烟气挡板门，避免吸收塔内向上抽风形成较大负压。

2）检查确认除雾器冲洗水系统及水源可靠备用。除雾器冲洗水管道进行动火作业时，应进行局部系统隔离，保留其余除雾器冲洗水系统备用。

3）动火作业只能单点作业，禁止多个动火点同时开工。

4）焊割作业应采取间歇性工作方式，防止持续高温传热损坏或引燃周边防腐材料。

5）大范围动火作业，吸收塔底部须做好全面防护措施或在底部注入一定高度的水。小范围动火作业可在动火影响区域下部、底部做好防护措施。

6）动火作业时，必须采取可靠的隔离措施，防止火种引燃防腐层、除雾器以及落入相通的防腐烟（管）道内，引起火灾。禁止在相通、相连的设备内进行防腐作业。

7）动火作业过程中，应有专人始终在现场监护。

（7）脱硫吸收塔、烟道、箱罐内部防腐施工，应符合下列要求：

1）施工区域必须采取严密的全封闭措施，设置 1 个出入口，在隔离防护墙四周悬挂"衬胶施工，严禁烟火"等明显的警告标示牌。

2）施工区域必须制定出入制度，所有人员凭证出入，交出火种，关闭随身携带的无线通讯设施，不准穿钉有铁掌的鞋和容易产生静电火花的化纤服装。

3）作业空间应保持应良好的通风。设置容量足够的换气风机，确保通风良好。

4）施工区域 10m 范围及其上下空间内严禁出现明火或火花。

5）玻璃钢管件胶合黏结采用加热保温方法促进固化时，严禁使用明火。

6）施工区域控制可燃物，不得敷设竹跳板。禁止物料堆积，作业用的胶板和胶水，即来即用，人离物尽。

7）防腐作业及保养期间，禁止在与其相通的吸收塔、烟道、管道，以及开启的人孔、通风孔附近进行动火作业。同时应做好防止火种从这些部位进入吸收塔的隔离措施。

8）作业全程应设专职监护人，发现火情，立即灭火并停止工作。

四、脱硫吸收塔火灾的处理

脱硫吸收塔内发生火灾，应立即向消防部门报警，迅速将施工人员撤离吸收塔，用消防水枪进行灭火。消防水枪无法控制火势时，应关闭烟气挡板门，关闭各人孔门，启动除雾器冲洗水水泵，开启除雾器冲洗水进行灭火。

1. 事故经过

2006年3月30日13时45分，施工人员在对太仓电厂二期扩建工程#4脱硫吸收塔底部进行清扫时，发现有小火球从上部失落下，透过脚手板裂缝观察，发现吸收塔上部已着火，清扫人员从人孔门撤出，并呼救，同时，施工单元现场仓库值班人员发现4号脱硫吸收塔顶部管道孔冒烟，立即报警，经消防队员和施工现场人员的协同急救，吸收塔明火于14时10分基本扑灭。

2. 原因分析

承建单元的施工人员在现场违章吸烟，未熄灭的烟蒂引燃纸屑等易燃杂物，致使防腐材料和除雾器叶片等发生燃烧，造成火灾。

3. 防范措施

（1）脱硫施工现场，严禁烟火，禁止带火种。

（2）施工前做好防止火灾的安全措施，现场配备足够的消防器材，水喷淋装置随时可用。

（3）施工现场的电焊机与施工现场有足够的安全距离，照明使用防爆灯，安全电压。

（4）施工现场动火办理动火手续，防止发生火灾。

（5）管理人员加强监督，发现违章及时提出纠正，并严格考核。

事 故 案 例

1. 事故经过

2008 年 11 月 23 日，某电厂一号机组脱硫技改工程在高空进行，电缆桥架安装的河北某甲公司和进行防腐修补工作的某乙公司违章交叉作业，在未接纳动火隔离和防护措施的情况下，动火发生的高温焊渣经过下方打开的人孔门落进吸收塔内部，引发火灾。

2. 原因分析

（1）河北甲公司电仪施工队人员在 1 号吸收塔 30m 处平台作业，在未办理动火许可、未采取动火隔离和防护措施的情况下，焊接的高温焊渣经过下方打开的人孔门落进吸收塔内部，引发着火。

（2）乙公司未办理防腐作业证，私自进行 1 号吸收塔内底部防腐涂层修补工作，且未对防腐区域未严格进行防火隔离封堵措施，将已封堵的人孔门打开进行防腐修补。同时，防腐人员作业前没有对周围其他作业进行清理，作业中发现四周有动火作业后也没有向项目经管人员汇报或终止防腐修补，为发生火灾留下隐患。

（3）监理人员发现吸收塔防腐和塔外动火交叉危险作业的情况后，没有监理到位，未向施工方陈述现场交叉作业的情况，导致火灾发生。

3. 防范措施

（1）防腐工作期间避免进行动火作业，若必须进行动火作业，则必须做好封堵隔离措施后方可进行。

（2）动火作业必须办理动火工作票后方可进行。

（3）现场配备足够的消防器材和喷淋水，发现有着火立即扑救。

（4）监理人员加强监督，发现问题及时沟通。

事故案例

1. 故障经过

2008年6月12日~7月10日，某电厂11号脱硫系统随11号机组进行中修，7月10日，脱硫吸收塔内防腐、除雾器清垢、氧化空气管清堵检查、喷淋层检查等工作结束，塔内脚手架正在拆除中。

热工工程部安排对吸收塔取样装置进行改造，为脱硫投运后参数准确和取样设备维护创造条件。10日上午9时00分左右，检修工贾××和技术员丰××在11号脱硫吸收塔顶部，进行11号脱硫除雾器差压取样改造工作，焊工陈××配合。由于贾××对吸收塔结构及塔内材料易燃性不了解，并且是在塔外作业，在热控两种工作票未经许可开工，未填用动火工作票的情况下，就安排焊工陈××开始焊接作业，作业中不慎将火星掉入11号脱硫吸收塔除雾器上，引燃除雾器。在听到11号脱硫吸收塔拆架子人员喊着火了，工作负责人贾××立即拿灭火器与热工专工马××进行扑救。班长赵××得知后立即安排灰水脱硫运行人员启动除雾器冲洗水泵给11号脱硫吸收塔注水，安排灰水脱硫运行人员同时拨打119火警电话。2min后消防队人员赶到扑灭火灾。11时30

分左右，现场所有明火全部扑灭。

2. 原因分析

现场工作未办理工作票，动火工作未办理动火工作票即开始工作，且工作时未做好隔离，致使在进行动火作业时，焊渣掉入易燃的吸收塔除雾器上，引发着火。

3. 暴露问题

（1）作业前未认真开展易燃、易爆等危险点分析及控制措施，对作业点危险认真不足，安全意识差。

（2）未按作业指导书管理规定编制 11 号脱硫差压取样装置进行改造作业指导书。

（3）班前会、班后会流于形式，未组织工作组成员学习当日工作中存在的危险点及控制措施。并检查和督促每个成员了解和掌握具体工作的危险点。在开工前，未认真检查控制措施的落实。

（4）对特种人员管理不到位，使用未取得焊工合格证人员进行焊接作业。

4. 防范措施

（1）认真吸取事故的教训，加强设备检修的全过程管理。作业前，检查现场安全措施完善后方可进行工作。

（2）严格执行作业指导书管理规定，按规定规范编制作业指导书，有效指导检修作业。

（3）加强特种人员的管理工作，特种作业人员先持证，后上岗。

（4）加强职工的安全教育，提高人员的安全意识和责任心。加强现场规程和岗位技术技能的培训，杜绝走过场。

第七节 烟气脱硝系统

火力发电厂烟气中含有大量氮氧化物,如不处理,这些废气排入大气会产生污染形成酸雨。为了进一步降低氮氧化物的排放,必须对燃烧后的烟气进行脱硝处理。火力发电厂烟气脱硝设备是用来处理氮氧化物的装置。目前通行的烟气脱硝技术大致可分为干法、半干法和湿法三类,常用的原料为液氨。

一、液氨的理化性能

氨气是一种有刺激臭味的无色有毒气体,极易溶于水,水溶液呈碱性,易液化,爆炸极限为 $15.7 \sim 27.4$。其火灾危险性极大,属于危险化学品。液氨为液化状态的氨气,储存在具有一定压力的钢瓶中。因此,液氨在储存、运输、使用中,应制定严格完善防火防爆措施防止液氨的泄漏和爆炸事故的发生。同时应防止接触人员中毒伤害。

二、防火防爆措施

(1)氨区周围应设置围墙,围墙高度不应低于 2.0m,并挂有"严禁烟火"等明显的警告标示牌。入口处应设置人体静电释放器。高处设置风向标。

(2)应制订氨区出入制度,所有进入氨区人员应进行登记,并交出火种。出入口门应处于闭锁状态。

(3)氨区应有氨气体检测报警仪或可燃气体监测报警仪。

(4)液氨储罐四周应设置高度不低于 1.0m 的不燃烧实体防火堤。防火堤应符合以下规定:

1)防火堤构成的空间容积不应小于其中最大储罐的容积。

2)防火堤设计高度应比计算高度高出 0.2m。

　　3）进出储罐的各类管线、电缆，不宜在防火堤堤身穿过。必须穿过堤身时应预埋套管，且采取有效的密封措施。

　　（5）氨区内应保持清洁，无杂草、无油污，不得储存其他易燃物品和堆放杂物，不得搭建临时建筑。

　　（6）氨区周围消防通道要保持畅通，禁止任何车辆进入氨区。

　　（7）氨区作业人员必须持证上岗，掌握氨区系统设备，了解氨气的性质和有关防火、防爆的规定。氨区应配备安全防护装置。

　　（8）卸氨作业时应有专人在现场监护，发现跑、冒、漏立即处理。卸氨中如遇雷雨天气或附近发生火灾，应立即停止卸氨作业。

　　（9）氨区有爆炸危险区域的电气设施均应选用防爆型，电力线路必须是电缆或暗线，电缆敷设管道接头部位跨接线完整。用手电筒照明时，应使用防爆电筒。

　　（10）氨区应装设独立的避雷针。液氨储罐必须有环形防雷接地。液氨储存、接卸场所的所有金属装置、设备、管道、储罐等都必须进行静电连接并接地。液氨接卸区，应设静电专用接地线。在扶梯进口处，应设置人体静电释放器。

　　（11）氨区操作和检修应尽量使用有色金属制成的工具。如使用铁制工具时，应采取防止产生火花的措施，例如涂黄油、加铜垫等。

　　（12）氨区内进行动火作业，必须办理动火工作票。检修工作结束后，不得留有残火。

　　（13）氨区应应设置完善的消防水系统，配备足够数量的灭火器材。氨罐应配置自动喷淋系统，定期进行检查、试验，处于良好备用状态。氨罐温度高于40℃时，喷淋系统自动投入，对氨罐进行冷却。

三、液氨泄漏、火灾、爆炸的处理措施

（1）关闭输送物料的管道阀门，切断气源。

（2）隔离、疏散、转移人员到安全区域，建立警戒区域。

（3）小火灾时用干粉或二氧化碳灭火器灭火，大火灾时用水喷淋装置溶解泄漏的氨气，或用泡沫灭火器灭火，灭火时做好防止人员吸入氨气中毒的措施。

（4）扑救火灾时，消防人员应穿着防化服，佩戴正压空气呼吸器，防止因人员排汗氨气侵入伤害的部位。

第五章

特殊部位和作业防火防爆
措施及灭火规则

第一节 电焊、气焊

一、电焊和气焊的定义

1. 电焊的定义

电焊是利用焊条通过电弧高温融化金属部件需要连接的地方而实现的一种焊接操作，也称为电弧焊。其工作原理是：通过常用的 220V 或 380V 电压，通过电焊机里的变压器降低电压，增强电流，并使电能产生巨大的电弧热量融化焊条和钢铁，而焊条熔融使钢铁之间的融合性更高。电弧焊是目前应用最广泛的焊接方法，包括手弧焊、埋弧焊、钨极气体保护电弧焊、等离子弧焊、熔化极气体保护焊等。因电弧焊使用电源，其产生的高温电弧容易引发火灾爆炸，危险性较大。

2. 气焊的定义

气焊是利用可燃气体与助燃气体混合燃烧生成的火焰为热源，熔化焊件和焊接材料使之达到原子间结合的一种焊接方法。

助燃气体主要为氧气，可燃气体主要采用乙炔、液化石油气等。所使用的焊接材料主要包括可燃气体、助燃气体、焊丝、气焊熔剂等。焊接设备主要包括氧气瓶、乙炔瓶（如采用乙炔作为可燃气体）、减压器、焊枪、胶管等。由于所用储存气体的气瓶为压力容器、气体为易燃易爆气体，气焊是所有焊接方法中危险性最高的之一。

二、电焊和气焊防火防爆措施

1. 电焊和气焊作业

（1）焊接与切割作业人必须持政府有关部门颁发的允许动火作业的有效证件。在训练过程中，应有持证焊工在场指导。

（2）电焊机外壳必须接地，接地线应牢固地接在被焊物体上或附近接地网的接地点上，防止产生电火花。

（3）禁止使用有缺陷的焊接工具和设备。气焊与电焊不应该上下交叉作业。通气的乙炔、氧气软管上方禁止动火作业。

（4）严禁将焊接导线搭放在氧气瓶、乙炔瓶、乙炔发生器、天然气、煤气、液化气等设备和管线上。

（5）乙炔和氧气软管在工作中应防止沾染油脂或触及金属熔渣。禁止把乙炔和氧气软管放在高温管道和电线上。不得把重物、热物压在软管上，也不得把软管放在运输道上，不得把软管和电焊用的导线敷设在一起。

（6）电焊、气焊作业必须符合下列要求（简称电焊、气焊"十不焊"）：

1）不是电焊、气焊工不能焊割。

2）重点要害部位及重要场所未经消防安全部门批准，未落实安全措施不能焊割。

3）不了解焊割地点及周围情况（如该处能否动用明火，有否易燃易爆物品等）不能焊割。

4）不了解焊割物内部是否存在易燃、易爆的危险性不能焊割。

5）盛装过易燃、易爆的液体、气体的容器（如气瓶、油箱、槽车、贮罐等）未经彻底清洗，排除危险性之前不能焊割。

6）用可燃材料（如塑料、软木、玻璃钢、谷物草壳、沥青等）作保温层、冷却层、隔热等的部位，或火星飞溅到的地方，在未采取切实可靠的安全措施之前不能焊割。

7）有压力或密闭的导管、容器等不能焊割。

8）焊割部位附近有易燃易爆物品，在未做清理或未采取有效的安全措施前不能焊割。

9）在禁火区内未经消防安全部门批准不能焊割。

10）附近有与明火作业有抵触的工种在作业（如刷漆、喷涂胶水等）不能焊割。

（7）地下室、隧道及金属容器内焊割作业时，严禁通入纯氧气用作调节空气或清扫空间。立体焊割作业时应设隔离板，以防止金属熔渣飞溅或切割高温熔渣掉下。

2. 气瓶库

（1）储存气瓶的仓库应具有耐火性能，门窗应向外开，装配的玻璃应用毛玻璃或涂以白漆；地面应该平坦不滑，撞击时不会发生火花。

（2）储存气瓶库房的防火间距应符合《电力设备典型消防

规程》（DL 5027—1993）有关的要求。

（3）储存气瓶仓库周围 10m 以内，不得堆置可燃物品，不得进行锻造、焊接等明火工作，也不得吸烟。

（4）仓库内应设架子，使气瓶垂直立放，空的气瓶可以平放堆叠，但每一层都应垫有木制或金属制的型板，堆叠高度不得超过 1.5m。

3. 气瓶及管道

（1）使用中的氧气瓶和乙炔瓶应垂直固定放置。安设在露天的气瓶，应用帐篷或轻便的板棚遮护，以免受到阳光曝晒。

（2）乙炔气瓶禁止放在高温设备附近，应距离明火 10m 以上，使用中应与氧气瓶保持 5m 以上距离。

（3）乙炔减压器与瓶阀之间必须连接可靠。严禁在漏气的情况下使用。乙炔气瓶上应有阻火器，防止回火并经常检查，以防阻火器失灵。

（4）乙炔管道应装薄膜安全阀，安全阀应装在安全可靠的地点，以免伤人及引起火灾。

4. 乙炔发生器

（1）乙炔发生器应放置在距离明火至少 10m 以上，不得放置在高压电线下面，不得进入机房，不得放置在太阳下曝晒，乙炔发生器附近严禁吸烟。

（2）在放置固定式乙炔发生器的房间里，应采用防爆型的电气设备。同时，在房间内不得采取明火方法采暖，应采用蒸汽和热水采暖设备，且应与发生器至少相距 1m。

（3）乙炔发生器及其连接部件不得漏气，检查时应用肥皂水，禁止用火。

（4）制造乙炔发生器的材料和零配件，不得使用纯铜（紫铜），以免发生乙炔铜的危险，可采用含铜 70% 以下的合金。

（5）储存电石的仓库必须干燥、防水、防潮，应为二级耐火等级，仓库内不得设自来水管和取暖管道，并与乙炔发生器隔开。仓库内照明应采用防爆型电气装置。

三、电焊和气焊着火的灭火方法

（1）交直流电焊机冒烟和着火时，应首先断开电源。着火时应用二氧化碳、干粉灭火器灭火。

（2）电焊软线冒烟、着火，应断开电源，用二氧化碳灭火器或水沿电焊软线喷洒灭火。

（3）乙炔发生器、电石发生着火，应使用二氧化碳、干粉灭火器或干砂进行灭火。禁止用水、泡沫灭火器灭火。

（4）乙炔气泄漏着火的处理：乙炔气瓶瓶头阀、软管泄漏遇明火燃烧，应及时切断气源，停止供气。若不能立即切断气源，不得熄灭正在燃烧的气体，保持正压状态，处于完全燃烧状态，防止回火发生。用水强制冷却着火乙炔气瓶，起到降温的作用。将着火乙炔气瓶移至空旷处，防止火灾蔓延。

事故案例

1. 事故经过

1993 年 9 月 24 日 10 时 10 分，某发电厂锅炉分场焊工班，在 5 号炉 0m 地面制作回水箱（1900mm×2600mm×3500mm），两人从 ϕ500mm 的人孔门进入箱内焊拉筋，一人在箱外监护，在施焊过程中，因箱内烟尘较大，便用氧气瓶往箱内充氧排烟，因氧气助燃引起燃烧。其中一人当即从人孔门撤离，有轻度烧伤；另一名工人张××（男、25 岁）滞留箱内，经所割扩孔出，因伤势严重抢救无效死亡。

2. 事故原因

（1）箱内烟尘较大，充氧排烟，氧气助燃引起燃烧，是这起事故的直接原因。

（2）违反《安规》（热机部分）规定：工作人员进入窗口槽内部进行检查清洗和检修工作，必须经过分场领导的批准；作业时应加强通风，但严禁向内部输送氧气。

（3）监护人员与工作人员同时违章，没有起到监护作用。

3. 暴露出的问题

（1）习惯性违章没有得到制止，容器内工作的安全措施不全，采用野蛮的作业方式，充氧换气，对其危险性认识不足。

（2）工作准备不充分，在窗口内焊接工作应通风，安装通风设备，以防工作人员发生意外。

（3）违反了《安规》（热机部分）规定，在容器、槽箱内进行工作没有根据具体工作性质执行有关规定。

4. 防范措施

（1）凡属重大或复杂的作业，有关领导和人员要亲临现场监督检查。

（2）进入容器、箱体内必须申请并得到批准。作业前要进行安全分析，制定置换通风措施，监护人员必须按规程要求监护作业人员。

（3）各项作业必须首先研究制定安全措施，作业前要向作业人员明确安全技术措施，否则不准施工。

 事 故 案 例

1. 事故经过

1997 年 6 月 8 日，某电厂锅炉管阀班焊工班共 5 人对#3 炉定排扩容器围极进行焊接工作，考虑容器内通风不好，向扩容器内充氧气，安全员及在场工作负责人等其他人员不但没有提出疑问，却一起动手向扩容器内充氧，9 时左右，工作负责人张××的手套被焊花引燃，并没有引起张本人及现场安全员的警惕，随后工作负责人离开，容器内两位焊工继续工作，火花引燃魏××衣裤，因容器内氧气浓度高助燃迅速，焊工张××帮助魏××扑火时，自身衣物也引燃，高××见火扑不灭，拉魏××没拉动。随即爬出扩容器（此人受轻伤），因扩容器内烟气大一时无法进入，又无灭火措施，11 时左右，魏××才被从扩容器下部割孔救出。人早已被烧死。

2. 事故原因

作业人员安全意识差，容器内焊接作业，违章充氧气通风，是造成人员死亡的直接原因。

3. 暴露问题

（1）现场施焊人员严重违反《安规》（热机部分）在"容器内工作，严禁向内部输送氧气"等规定。

（2）安全意识极其淡薄，现场工作人员没有一人对向容器内充氧气提出异议，且一起群体违章，结果是"自己伤害了自己"。

（3）现场监护形同虚设，工作负责人思想麻痹到了极点，一起帮忙向容器内充氧，手套着火仍不中止工作，更不用说监护别人，完全失职。

（4）工作现场安全防范措施有严重漏洞，没有采取安全通风及灭火措施。

（5）特种培训、安全培训以及班组安全学习存在严重的形式主义。

4. 防范措施

（1）检修人员作业前必须结合专业的特点，工种的特点、作业的环境，学习《安规》的相关部分，用以完善安措，决不能搞形式主义。

（2）对特殊环境下作业，如容器、粉仓、油罐、酸碱罐、地下通道等审关的安全措施必须要针对作业对象的特点来制定，由车间专工亲自制定并由车间主任雷查后，报安监处批准后实施，必须把住安全措施关。

（3）生产技能培训、安全培训、班组培训及班组安全学习、安全活动要落实到实处，杜绝走过场和不负责的虚假现象。

 **事 故 案 例**

1. 事故经过

某农药厂机修焊工进入直径 1m，高 2m 的繁殖锅内焊接挡板，未装排烟机抽烟，而用氧气吹锅内烟气，使烟气消失。当焊工再次进入锅内焊接作业时，只听"轰"的一声，该焊工烧伤面积达 88%，三度烧伤占 60%，抢救七天后死亡。

2. 事故原因

（1）严重违章用氧气作通风气源。

（2）进入容器内焊接未按规定装设排烟机。

事 故 案 例

1. 事故经过

某五金商店一焊工在店堂内维修压缩机和冷凝器，在进行最后的气压试验时，因无压缩空气，焊工就用氧气来代替，当试压至 0.98MPa 时，压缩机出现漏气，该焊工立即进行焊补。在引弧一瞬间压缩机立即爆炸，焊工当场炸死，并造成多人受伤。

2. 事故原因

（1）店堂内不可作为焊接场所。

（2）焊补前应打开一切孔盖，必须在没有压力的情况下焊补。

（3）严禁用氧气代替压缩空气试压。

事故案例

1. 事故经过

某建筑队气焊工在施焊时，使用漏气的焊炬，焊工的手心被调节轮处冒出的火苗烧伤起泡，涂上了獾油。在调节好乙炔和氧气压力后开始焊接，施焊过程中发生回火，氧气胶管爆炸，减压器着火并烧毁，关闭气瓶阀门时，氧气瓶上半截已烫手，非常危险。

2. 事故原因

（1）漏气的焊炬容易发生回火。

（2）在调节氧气压力时，氧气减压器和瓶阀沾上油脂，发生回火时，在压缩纯氧强烈氧化作用下，引起剧烈燃烧。

第二节　控制室、电子设备间、配电室

发电厂控制室、电子设备间、配电室等是生产过程中控制中心，各类数据显示、测量、控制回路全部集中在控制室内部，是全厂的生产控制中心，控制室内部同时敷设有大量的动力电缆、控制电缆，一旦发生爆炸着火，损失不可估量，同时，电缆着火后，会产生有毒有害的气体，容易使人吸入中毒。

控制室、电子设备间、配电室防火防爆措施及灭火防法：

（1）各室应建在远离有害气体源、存放腐蚀、易燃易爆物的场所。

（2）各室的隔墙、顶棚内装饰，应采用难燃或不燃材料。

建筑内部装修材料应符合现行 GB 50222《建筑内部装修设计防火规范》的要求，地下变电站宜采用防霉耐潮材料。

（3）控制室、调度室应有不少于两个安全出口。

（4）各室严禁吸烟，禁止明火取暖。计算机室维修必用的各种溶剂（包括汽油、酒精、丙酮、甲苯等易燃溶剂）应采用限量办法，每次带入室内不超过 100g。

（5）严禁将带有易燃、易爆、有毒、有害介质的一次仪表（如氢压表、油压表）装入控制室、调度室、计算机室。

（6）室内使用的测试仪表、电烙铁、吸尘器等用毕后必须及时切断电源，并放到固定的金属架上。

（7）空调系统的防火应符合下列规定：

1）设备和管道的保冷、保温宜采用不燃材料，当确有困难时，可采用燃烧产物毒性较小且烟密度等级小于等于 50 的难燃材料。防火阀前后各 2.0m、电加热器前后各 0.8m 范围内的管道及其绝热材料均应采用不燃材料。

2）通风管道装设防火阀应符合 GB 50016《建筑设计防火

规范》的相关规定。防火阀既要有手动装置，又要在关键部位装易熔片或其他感温、感烟装置。当温度超过正常工作最高温度 25℃时，防火阀门自动关闭。

3）非生产用空调机在运转时，值班人员不得离开，工作结束时该空调机必须停用。

4）空调系统应采用闭路联锁装置。

（8）各室（房）配电线路应采用阻燃措施或防延燃措施，严禁任意拉接临时电线。

（9）各室一旦发生火灾报警，应迅速查明原因，及时消除警情，若已发生火灾，则应切断交流电源，开启直流事故照明，关闭通风管防火阀，采用气体等灭火器进行灭火。

第三节　酸罐及系统检修

火力发电厂水处理树脂再生时，使用一定量的盐酸（或硫酸），盐（硫）酸对大多数金属有强腐蚀性。能与普通金属发生反应，释放出氢气，并与空气形成爆炸性混合物。因此在对盐酸罐或系统进行检修时，有较大的火灾爆炸危险。同时，盐（硫）酸雾刺激性强，能严重刺激眼睛和呼吸道粘膜，对人有伤害。

事故案例

2014 年 6 月 8 日上午 11 点 30 分左右，某公司在盐酸储罐顶部进行焊接作业时，发生爆炸事故，导致两人死亡。据初步分析，事故的直接原因是：该公司在未对空盐酸储罐进行清洗置换和动火分析的情况下，违章动火，引起爆炸，导致事故发生。

一、酸罐及系统检修的防火防爆措施

（1）对酸罐及系统周围应配备充足的消防器材，安装消防喷淋装置。

（2）检修作业时，严禁在罐内吸烟，明火照明、取暖，以及将火种带入罐区内。

（3）储罐及系统检修前，必须切断有关电气设备的电源，加强通风，并办理工作票。

（4）储罐内部介质排尽后，应关闭进出阀或加设盲板隔断与其连接的管道和设备，并设有明显的隔断标志。

（5）储罐排酸完毕后，必须经过置换、中和、消毒、清洗等处理，并测量氢气浓度合格，严禁用空气置换。

（6）罐内作业必须设专人在罐外监护，并有可靠的联络措施。

（7）在进入罐内作业 30min 前要取样分析，其氧含量在 18%～23%（体积比）之间。

（8）进入储罐内清理残留物时，要穿戴好个人防护用品。

（9）需要搭制的脚手架时，禁止使用易燃材料搭设。

（10）罐内照明应使用电压不超过 24V 防爆灯具。

（11）罐内需动火时，必须办理动工作票。

（12）竣工时检修人员和监护人员共同检查罐内外，经确认无疑，监护人在罐内作业证上签字后，方可封闭各人孔。

二、酸罐灭火规则

酸罐着火可用泡沫灭火器、干粉灭火器、二氧化碳灭火器灭火，同时用喷水全面冷却罐体，降低罐体温度。

事故案例

1991年3月6日，某磷肥厂500t硫酸罐发生爆炸事故，罐顶盖飞出砸死3人。

1. 事故经过

1991年3月6日14时50分，某磷肥厂新建4号500t硫酸罐发生爆炸事故，罐顶盖飞出砸死3人。

当日下午，该厂3名机械维修工人，利用乙炔割炬在硫酸罐底部开孔放水，准备接出第二根硫酸罐管道，当焊割工刚把割炬点着火的瞬间，硫酸罐突然发生爆炸，一声巨响，约2t重的罐顶盖飞出70.4m，磷肥车间3名装运工闻声巨响立即从房内冲出房外场地时，被炸飞的硫酸罐顶盖从空中落下，当场砸死2人，另1人身负重伤，在送往医院抢救途中死亡。厂房、电气线路被炸毁，全厂被迫停产整顿。

2. 事故原因

该事故在既未经批准动火，也未查明能否动火的情况下，车间主任张某违反硫酸罐制作方案，指挥机械维修工人擅自将新建的4号硫酸罐的一根出酸管道（设计为二道出酸管）与总出酸管道连接，导致浓硫酸进入4号硫酸罐内，遇水（罐内因试漏水未放尽）变为稀硫酸，稀硫酸与铁反应产生大量的氢气和热量，突遇明火发生爆炸。

3. 暴露问题

此次事故暴露出该厂安全管理不到位，人员安全意识差，缺乏基本的安全知识。

4. 防范措施

（1）在硫酸罐内动火工作，必须经有关部门批准，办理动火工作票。

（2）进行硫酸罐动火工作之前，必须将罐内浓友谊酸排尽，并将罐内残留酸清理干净。

（3）测量罐内氢气浓度合格，并将与之连接的出入口管道加装堵板，确保安全之后，方可进行动火工作。

（4）动火时必须有消防监护人、配置消防器材。动火结束，清理火种。

第四节 化 学 油 区

发电厂化学油区是对汽轮机透平油、抗燃油、变压器绝缘油等进行分析、处理的部门，化学油区内设有油处理室、绝缘油罐及透平油罐，有一定的火灾爆炸危险。值班人员在对各种油品的分析、处理操作过程中，也有很大的火灾爆炸危险性。

油处理室的防火防爆措施及灭火规则：

（1）绝缘油和透平油油罐、油罐室的设计，应符合有关规定。

（2）油罐室内不应装设照明开关和插座，灯具应采用防爆型。油处理室内应采用防爆电器。

（3）油罐室、油处理室应采用防火墙与其他房间分隔。

（4）油务工作人员在取、放、加油和滤油作业时，现场严禁烟火并有防火措施，做到油不漏在设备外面及地上。

（5）油罐室、油处理室应装置通风排气装置。

（6）油罐、油罐室、油处理室内动火检修应执行动火工作制度。

（7）烘燥滤油纸应使用专用烘箱，温度不得超过80℃。

（8）钢质油罐必须装设防感应雷接地，其接地点不应少于两处，接地电阻不宜大于30Ω。

（9）发现漏油着火应立即堵塞漏点，并用二氧化碳灭火器、干粉灭火器灭火，同时戴防毒面具，防止人员吸入有害气体中毒。

第五节　易燃易爆品仓库

发电厂生产过程中，还使用一些很少量的易燃易爆品，因此，易燃易爆品仓库防火防爆应做好以下安全措施：

（1）易燃易爆物品应存放在特种材料库房，设置"严禁烟火"标志，并有专人负责管理。管理人员应持有效《特种作业操作证》（危险品作业），熟知易燃易爆物品火灾危险性和管理贮存方法，以及发生事故处理方法。

（2）易燃液体的库房，宜单独设置。当易燃液体与可燃液体储存在同一库房内时，两者之间应设防火墙。

（3）易燃易爆物品不应储存建筑物的地下室、半地下室内。

（4）易燃易爆物品库房应有隔热降温及通风措施，并设置防爆型通风排气装置。

（5）易燃易爆物品库房内严禁使用明火。库房外动用明火作业时，必须执行动火工作制度。

（6）易燃易爆物品进库，必须加强入库检验，若发现品名不符，包装不合格，容器渗漏等问题时，必须立即转移到安全地点或专门的房间内处理。

（7）易燃易爆危险品库房电气装置必须符合国家现行的有关爆炸危险场所的电气安全规定。保管人员离库时，必须拉闸断电。

（8）雷管、炸药等易燃易爆物品的储存，必须严格执行《民用爆炸物品管理条例》的规定。

（9）对雷管、炸药等易燃易爆和剧毒化学危险品必须执行"五双"制度（双人收发、双人记账、双人双锁、双人运输、双人使用）。在领用时需经有关部门领导批准。

（10）各单位应根据仓库内储存的易燃易爆化学物品的种类、性质，制订现场灭火方案。化学化验室易燃易爆物品应根据各单位储存、使用规定制订防火灭火方案。

（11）进入易燃易爆物品库房的电瓶车、铲车，必须是防爆型的。

（12）易燃、可燃液体库房，应设置防止液体流散的设施。

参 考 文 献

1. 赵荣. 供电企业班组安全培训教材. 北京：中国电力出版社，2008.
2. 山西省电力公司. 新员工安全教育. 北京：中国电力出版社，2012.
3. 黄晋华. 供电企业班组天天安全 365. 变电运行. 北京：中国电力出版社，2008.
4. 山西省电力公司编. 电力消防安全知识读本. 北京：中国电力出版社，2008.
5. 李建华. 消防安全知识. 北京：中国劳动社会保障出版社，2008.
6. 周久经. 消防安全常识. 北京：煤炭工业出版社，2010.
7. 张培红. 防火防爆. 沈阳：东北大学出版社，2011.